水利工程施工质量控制
与安全管理

卢宁　李明金　李旭东　主编

延边大学出版社

图书在版编目（CIP）数据

水利工程施工质量控制与安全管理 / 卢宁，李明金，李旭东主编. -- 延吉：延边大学出版社,2024.1
　　ISBN 978-7-230-06194-0

Ⅰ.①水… Ⅱ.①卢… ②李… ③李… Ⅲ.①水利工程－工程施工－质量控制②水利工程－工程施工－安全管理 Ⅳ.①TV52

中国国家版本馆CIP数据核字(2024)第042804号

水利工程施工质量控制与安全管理

主　　编：卢　宁　李明金　李旭东
责任编辑：王治刚
封面设计：文合文化
出版发行：延边大学出版社
社　　址：吉林省延吉市公园路977号　　　邮　　编：133002
网　　址：http://www.ydcbs.com　　　　　E-mail：ydcbs@ydcbs.com
电　　话：0433-2732435　　　　　　　　传　　真：0433-2732434
印　　刷：廊坊市海涛印刷有限公司
开　　本：710×1000　1/16
印　　张：14.5
字　　数：240 千字
版　　次：2024 年 1 月 第 1 版
印　　次：2024 年 1 月 第 1 次印刷
书　　号：ISBN 978-7-230-06194-0

定价：65.00元

编 写 成 员

主　　编：卢宁　李明金　李旭东

副 主 编：刘会连　杨建民　杨紫光　姚若定　郭佳

编　　委：吕馨雅　双绍平　王传先　叶宏　刘璐

　　　　　陈登斌

编写单位：滨州市思源建设投资发展有限公司

　　　　　滨州市沾化区城乡水务发展服务中心

　　　　　济南市水利工程服务中心

　　　　　济南市济阳区城乡水务局

　　　　　海南新南方工程设计有限公司

　　　　　广东省北江航道开发投资有限公司

　　　　　北京市凉水河管理处

　　　　　垦利黄河河务局

　　　　　云南华水技术咨询有限公司

云南云水工程技术检测有限公司

泰州市姜堰区水利局

德州市河道管理服务中心

山东省巨野县万丰镇乡村文明建设服务中心

前　　言

　　水利工程是关系国计民生的重要基础设施，其施工质量与安全管理对于保障人民群众的生命财产安全、促进经济社会发展具有举足轻重的意义。随着我国水利工程建设项目不断增多，施工质量与安全管理问题日益突出，因此研究水利工程施工质量控制与安全管理具有重要的现实意义。水利工程直接关系到人民群众的生命安全和财产安全，一旦发生质量问题，将造成无法挽回的损失。因此，通过施工质量控制，确保工程质量符合规定标准，是预防安全事故发生的重要手段。安全是工程施工的基本要求，只有加强施工安全管理，才能确保工程进度、降低成本，实现项目投资效益的最大化。同时，施工安全管理还有助于提高施工单位的安全生产水平，提升行业整体竞争力。然而，当前我国水利工程施工质量控制与安全管理仍存在一些问题，有必要加强对水利工程施工质量控制与安全管理的研究，以期为实际工程建设提供有力的理论支持。

　　总之，水利工程施工质量控制与安全管理研究不仅有助于提高我国水利工程建设的整体水平，更对保障人民群众的生命财产安全、促进经济社会发展具有重要意义。希望通过本书的研究，能为我国水利工程施工质量控制与安全管理提供借鉴和启示。

　　本书共分六章，主要内容包括水利工程施工质量控制、水利工程施工安全管理、水利工程施工质量控制与安全管理案例分析与实践、水利工程施工质量控制与安全管理相关法规与标准、水利工程安全生产与管理分析、水利工程施工质量控制与安全管理发展趋势与展望。

　　《水利工程施工质量控制与安全管理》一书共 24 万余字。该书由滨州市思源建设投资发展有限公司卢宁、李明金，滨州市沾化区城乡水务发展服务中心李旭东担任主编，其中第一章、第二章、第三章、第四章第一节、第二节由主编卢宁、李明金共同负责撰写，字数 14 万余字；第四章第三节、第四节、第五章由主编李旭东负责撰写，字数约 6 万字；第六章由副主编刘会连、杨建民、杨紫光、姚若定、郭佳共同负责撰写，字数约 4 万字，由编委吕馨雅、双绍平、王传先、叶宏、刘璐、陈登斌负责全书统筹，为本书出版付出大量努力。

在撰写本书的过程中，笔者收到很多专家、业界同事的宝贵建议，谨在此表示感谢。同时笔者参阅了大量的相关著作和文献，在参考文献中未能一一列出，在此向相关著作和文献的作者表示诚挚的感谢和敬意，同时也请对撰写工作中的不周之处予以谅解。由于笔者水平有限，编写时间仓促，书中难免会有疏漏不妥之处，恳请专家、同行不吝批评指正。

笔者

2023 年 11 月

目　　录

第一章 水利工程施工质量控制

第一节 质量控制概述

一、质量控制的基本概念

（一）质量的定义

质量，作为产品或服务满足特定要求或需求的特性的总和，涉及多个方面，包括功能、性能、可靠性、安全性、可用性、兼容性等。简单来说，质量是产品或服务在满足用户期望和需求方面的表现。在实际应用中，质量的定义可能会因行业、产品和服务类型的不同而有所不同。然而，无论在何种情况下，质量始终是企业和组织追求的核心目标。

（二）质量控制的定义

质量控制，是指通过采取各种措施和方法，对产品或服务的质量进行监测、评估和纠正，以确保产品或服务能够满足规定的质量要求。质量控制涉及从产品设计、原材料采购、产品生产、成品检验到售后服务等各个环节。通过质量控制，企业可以在生产过程中发现问题并及时进行整改，降低产品缺陷率，提高产品合格率，从而提升整体质量水平。

质量控制主要包括以下几个方面：

（1）质量计划：确定质量目标、质量标准、质量成本和质量保证措施等。

（2）质量保证：通过问题预防、过程控制、审核和评估等手段，确保产品或服务在各个环节都能满足质量要求。

（3）质量控制：通过对产品或服务的检验、测试、分析和改进等，判断其是否达到预期的质量水平，并对存在的质量问题进行纠正。

（4）质量改进：通过收集和分析质量数据，识别质量问题，制定并实施改进措施，持续提高产品或服务的质量水平。

二、质量控制的重要性

质量控制对于企业和社会具有以下重要意义：

首先，质量控制有助于提高企业的竞争力。在竞争激烈的市场环境下，产品或服务的质量往往成为用户选择的重要因素。通过严格的质量控制，企业可以生产出性能优良、可靠耐用的产品，从而吸引更多的客户，提高市场份额。

其次，质量控制有助于降低企业成本。在生产过程中，质量问题可能导致返工、退货、维修等额外成本。通过质量控制，企业可以减少质量问题，降低质量成本，提高生产效率。

最后，质量控制还有助于提高客户满意度。客户对于产品或服务的质量有着很高的期望。通过质量控制，企业可以确保产品或服务满足客户的期望，提高客户满意度，从而为企业赢得良好的口碑，树立品牌形象。

总之，质量控制作为质量管理的重要组成部分，对于提高产品或服务的质量、降低企业成本、增强企业竞争力以及满足客户需求具有至关重要的作用。企业应高度重视质量控制工作，不断优化质量管理体系，提高整体质量水平。

三、质量控制的特点

（一）质量控制涉及范围广泛

水利工程质量控制涉及的范围非常广泛，包括设计、施工、监理、验收等环节。在设计阶段，需要对设计方案进行审核，确保设计满足相关规范和标准；在施工阶段，需要对施工过程中的材料、设备等进行检查，确保施工质量；在监理阶段，需要对工程进度、质量、安全等进行全面监督，确保工程按照计划进行；在验收阶段，需要对工程的整体质量进行检查，确保工程满足验收标准。

（二）质量控制具有动态性

水利工程质量控制是一个动态的过程，需要随着工程建设的不断推进，不断调整和优化质量控制措施。在工程施工过程中，可能会出现各种意想不到的问题，需要根据实际情况，及时采取相应的措施，确保工程质量得到有效控制。

（三）质量控制具有复杂性

水利工程质量控制的复杂性主要体现在以下几个方面：首先，水利工程涉及众多专业领域，需要具备较高的技术水平；其次，工程所处的自然环境复杂多变，需要考虑气象、水文、地质等多方面的因素；最后，工程质量控制的依据和标准较多，需要综合运用各种规范和标准进行控制。

四、质量控制的原则

（一）质量第一原则

质量第一原则是指在水利工程建设过程中，应始终把质量放在首位，将质量管理与工程设计、施工、运行等各个环节紧密结合，确保工程安全、稳定和持久运行。具体来说，就是在设计和施工过程中，应严格遵守相关法律法规和技术标准，不断提高设计水平和技术创新能力；在施工过程中，要加强现场管理和监督检查，确保施工质量符合设计要求和规范规定；在运行过程中，要定期进行维修养护和检查评估，及时发现和处理质量问题，保证工程设施的正常运行。

（二）预防为主原则

预防为主原则是指在水利工程建设过程中，应采取预防措施，避免质量问题的发生。这一原则的核心是在工程设计、施工和运行过程中，通过科学的管理和技术手段，消除可能导致质量问题的因素，从而保证工程质量。具体来说，就是在设计和施工过程中，要充分考虑工程的特点和环境条件，制订合理的施工方案，采取合理的质量控制措施；在运行过程中，要加强工程设施的监测和预警，及时发现和处理质量问题，防止质量问题的扩大和蔓延。

（三）全员参与原则

全员参与原则是指在水利工程建设过程中，应充分发挥各方的积极性和创造性，实现质量控制的全员化、全过程化和全方位化。这一原则强调了质量控制不仅仅是领导和专业技术人员的事情，而是所有参建单位和参建人员共同的责任。具体来说，就是在设计和施工过程中，要加强各参建单位之间的沟通和协作，明确各自的质量责任和义务；在运行过程中，要加强对工程设施的检查和评估，确保工程设施的安全、稳定和持久运行。

（四）客户导向原则

客户导向原则是质量控制的基本原则之一，它的核心思想是以客户的需求和期望为焦点，以满足客户需求为目标。在实施客户导向原则的过程中，企业需要深入了解和掌握客户的需求和期望，通过不断完善和改进产品质量和服务水平，提升客户满意度和忠诚度。客户导向原则的实施需要企业全员参与，从产品设计、生产制造、销售服务等方面全方位关注客户需求。企业需要建立完善的客户反馈机制，及时收集客户意见和建议，持续改进产品和服务质量。此外，企业还需要注重客户关系管理，与客户保持良好的沟通和互动，建立长期稳定的客户关系。

（五）持续改进原则

持续改进原则是质量控制的核心原则之一，它强调企业应该不断地寻求改进的机会，以提高产品或服务的质量。企业应该明确质量控制的目标，并设定可量化的指标。只有明确的目标，才能为持续改进提供方向。持续改进需要有数据支持，企业应该收集和分析相关的数据，找出存在的问题和机会。持续改进不仅仅是解决表面问题，更重要的是找出问题的根本原因，并进行系统性的改进。持续改进需要所有员工参与，每个人都应该有改进的意识和行动。

（六）事实决策原则

事实决策原则强调企业在进行决策时，应以事实和数据为依据，而不是凭感觉或主观判断。企业应该建立数据收集系统，收集与质量相关的数据，如质量缺陷、客户反馈等；对收集的数据进行分析，找出存在的问题和机会；基于数据分析结果进行决策，以事实和数据作为决策的依据。决策不是一次性的，而是需要持续的跟踪和调整。企业应该定期对决策进行评估和调整，以确保其有效性。

五、质量控制的过程

（一）质量计划

质量计划是质量控制过程的第一步，它为项目的质量管理提供了指导。质量计划定义了项目的质量目标和标准，描述了实现这些目标所需的过程和方法，并确定了相关的质量责任和权限。在制订质量计划时，需要考虑客户的需求和期望，分析项目的风险和机会，以及确定所需的资源和时间。质量计划的制订需要项目团队的积极参与，以确保计划的可行性和有效性。项目经理应根据项目的特点和团队的技能，制订合适的质量计划，以确保项目的质量得到有效的管理和控制。

（二）质量保证

质量保证是质量控制过程的第二步，它的主要目的是确保项目的产品和服务符合质量标准和要求。质量保证涉及项目的整个生命周期，即从需求分析、设计、开发、测试到验收的整个过程。在质量保证过程中，需要进行各种质量检查和审计，以发现和纠正潜在的质量问题。这些检查和审计包括代码审查、测试、集成和验收等。此外，还需要对项目的质量进行监控和评估，以确定项目的质量状况和趋势，并及时采取措施进行改进。

（三）质量控制

质量控制是质量控制过程的核心环节，它涉及项目的具体实施和执行。质量控制的主要目的是确保项目的产品和服务符合质量标准和要求，并及时纠正和预防潜在的质量问题。在质量控制过程中，需要进行各种质量测量和分析，以确定项目的质量状况和问题。这些测量和分析包括质量指标的设定和监控、质量成本的计算和控制以及质量改进的实施和跟踪。此外，还需要对项目的质量进行持续改进，以提高项目的质量水平和效率。

（四）质量改进

质量改进是质量控制过程的最后一步，它涉及项目的持续改进和优化。质量改进的主要目的是提高项目的质量水平和效率，以满足客户的需求和期望。在质量改进过程中，需要对项目的质量进行全面的分析和评估，以确定改进的方向和目标。这些分析和评估包括质量审计、质量改进工具和方法的运用以及质量文化的建设和推广。此外，还需要对项目的质量改进进行持续跟踪和监控，以确保改进的有效性和持续性。

第二节　质量管理与质量控制

一、质量管理与质量控制的关系

质量管理是指确立质量方针及实施质量方针的全部职能及工作内容，并对其工作效果进行评价和改进的一系列工作。

按照质量管理的概念，组织必须通过建立质量管理体系实施质量管理。其中，质量方针是组织最高管理者的质量宗旨、经营理念和价值观的反映。在质量方针的指导下，通过质量管理手册、程序性管理文件、质量记录的制定，并通过组织制度的落实、管理人员与资源配置、质量活动的责任分工与权限界定等，形成组织质量管理体系的运行机制。

质量控制是质量管理的一部分，致力于满足质量要求的一系列相关活动。由于水利工程项目的质量要求是由业主（或投资者、项目法人）提出的，即水利工程项目的质量总目标，是业主的建设意图通过项目策划，包括项目的定义及建设规模、系统构成、使用功能和价值、规格档次标准等的定位策划和目标决策来确定的。因此，水利工程项目质量控制，在工程勘察设计、招标采购、施工安装、竣工验收等各个阶段，项目干系人均应围绕着致力于满足业主要求的质量总目标而展开。

质量控制所致力的一系列相关活动，包括作业技术活动和管理活动。产品或服务质量的产生，归根结底是由作业技术过程直接形成的。因此，作业技术方法的正确选择和作业技术能力的充分发挥，就是质量控制的关键点，它包含了技术和管理两个方面。必须认识到，组织或人员具备相关的作业技术能力，只是产出合格产品或合格服务质量的前提，在社会化大生产的条件下，只有通过科学的管理，对作业技术活动过程进行组织和协调，才能使作业技术能力得到充分发挥，实现预期的质量目标。

质量控制是质量管理的一部分而不是全部。两者的区别在于概念不同、职能范围不同和作用不同。质量控制是在明确的质量目标和具体的条件下，通过行动方案和资源配置的计划、实施、检查和监督，进行质量目标的事前预控、事中控制和事后纠偏控制，实现预期质量目标的系统过程。

二、质量控制的基本原理

质量控制的基本原理是运用全面、全过程质量管理的思想和动态控制的原理，进行质量的事前预控、事中控制和事后控制。

（一）事前质量预控

事前质量预控就是要求预先制订周密的质量计划，包括质量策划、管理体系、岗位设置，把各项质量职能活动，包括作业技术和管理活动建立在有充分能力、条件保证和运行机制的基础上。对于水利工程项目，尤其施工阶段的质量预控，就是通过施工质量计划或施工组织设计或施工项目管理设施规划的制订过程，运用目标管理的手段，实施工程质量事前预控，或称为质量的计划预控。

事前质量预控必须充分发挥组织的技术和管理方面的整体优势，把长期形成的先进技术、管理方法和经验智慧，创造性地应用于工程项目。

事前质量预控要求针对质量控制对象的控制目标、活动条件、影响因素进行周密分析，找出薄弱环节，制定有效的控制措施和对策。

（二）事中质量控制

事中质量控制也称作业活动过程质量控制，是指质量活动主体的自我控制和他人监控的控制方式。自我控制是第一位的，即作业者在作业过程中对自己质量活动行为的约束和技术能力的发挥，以完成预定质量目标的作业任务；他人监控是指作业者的质量活动过程和结果，接受来自企业内部管理者和来自企业外部有关方面的检查检验，如工程监理机构、政府质量监督部门等的监控。事中质量控制的目标是确保工序质量合格，杜绝质量事故发生。

由此可知，质量控制的关键是增强质量意识，发挥操作者的自我约束、自我控制的作用，即坚持质量标准是根本的，他人监控是必要的补充，没有前者或用后者取代前者都是不正确的。因此，进行过程质量控制，就在于创造一种过程控制的机制和活力。

（三）事后质量控制

事后质量控制也称为事后质量把关，目的是使不合格的工序或产品不流入后道工序或市场。事后质量控制的任务就是对质量活动结果进行评价、认定，对工序质量偏差进行纠正，对不合格产品进行整改和处理。

三、质量管理体系

（一）项目法人的质量管理

1.建立质量检查体系，制定质量管理制度

项目法人要加强工程质量管理，建立健全施工质量检查体系，根据工程特点建立质量管理机构和质量管理制度。

2.上报审查施工图

建设单位应当将施工图设计文件报县级以上人民政府建设行政主管部门或者其他有关部门审查。施工图设计文件审查的具体办法，由国务院建设行政主管部门会同国务院其他有关部门制定。施工图设计文件未经审查批准的，不得使用。

3.办理质量监督手续

项目法人应在工程开工前到相应的水利工程质量监督机构办理监督手续，签订《水利工程质量监督书》。

项目法人在工程施工过程中，应主动接受质量监督机构对工程质量的监督检查。

4.组织设计交底，进行质量检查

项目法人应组织设计单位和施工单位进行设计交底；施工中应对施工质量进行检查，工程完工后，应及时组织有关单位进行工程质量验收、签证。

5.报告、调查质量事故

发生质量事故后，项目法人必须将事故的简要情况向项目主管部门报告。

一般事故由项目法人组织设计、施工、监理等单位进行调查，调查结果报项目主管部门核备。

质量事故由项目法人负责组织有关单位制订处理方案，经上级主管部门审定后实施。

6.组织、参加工程验收

项目法人收到建设工程竣工报告后，应当组织设计、施工、工程监理等有关单位进行竣工验收。

（二）勘察、设计单位的质量管理

1.建立质量检查体系，制定质量管理制度

设计单位必须建立健全设计质量保证体系，加强设计过程质量控制，健全设计文件的审核、会签批准制度。

2.派驻设计代表

设计单位应按合同规定及时提供设计文件及施工图纸，在施工过程中要随时掌握施工现场情况，优化设计，解决有关设计问题。对大中型工程，设计单位应按合同规定在施工现场设立设计代表机构或派驻设计代表。

3.进行设计交底

设计单位必须做好设计文件的技术交底工作。

设计单位应当就审查合格的施工图设计文件向施工单位做出详细说明。

4.参与事故分析

设计单位应当参与建设工程质量事故分析，并对因设计造成的质量事故提出相应的技术处理方案。

5.参加工程验收

设计单位应按水利部有关规定在阶段验收、单位工程验收和竣工验收中，

对施工质量是否满足设计要求提出评价意见。

（三）施工单位的质量管理

承包人的质量保证体系是保证工程施工质量的根本所在，对承包人质量保证体系的控制措施是：严格质量制度，明确质量责任，进行质量教育，提高各岗位的责任心；建立质量责任制，施工中严格遵守规程，加强自检、互检，改进施工操作方法及工法等。

施工中"人"作为控制的对象，要避免产生失误，就要充分调动人的积极性，以发挥"人是第一因素"的主导作用。要本着适才适用、扬长避短的原则来控制人的使用。监理机构应监督承包人建立和健全质量保证体系，在施工过程中贯彻执行。

1.建立质量责任制，配备合格人员

施工单位对建设工程的施工质量负责。施工单位应当建立质量责任制，确定工程项目的项目经理、技术负责人和施工管理负责人。

施工单位应当建立健全教育培训制度，加强对职工的教育培训；未经教育培训或者考核不合格的人员，不得上岗作业。

2.建立质量保证体系及规章制度

施工单位要推行全面质量管理，建立健全质量保证体系，制定和完善岗位质量规范、质量责任及考核办法，落实质量责任制。在施工过程中要加强质量检验工作，认真执行"三检制"，切实做好工程质量的全过程控制。

3.对原材料及中间产品进行检测

施工单位必须按照工程设计要求、施工技术标准和合同约定，对建筑材料、建筑构配件设备和混凝土进行检验，检验应当有书面记录和专人签字；未经检验或者检验不合格的，不得使用。

4.按照设计图纸及技术标准施工

施工单位必须按照工程设计图纸和施工技术标准施工，不得擅自修改工程

设计，不得偷工减料。

施工单位在施工过程中发现设计文件和图纸有差错的，应当及时提出意见和建议。

施工单位必须依据国家、水利行业有关工程建设法规、技术规程、技术标准的规定以及设计文件和施工合同的要求进行施工，并对其施工的工程质量负责。

5.对工程实体质量进行检测

施工单位必须建立健全施工质量的检验制度，严格工序管理，做好隐蔽工程的质量检查和记录。隐蔽工程在隐蔽前，施工单位应当通知建设单位和建设工程质量监督机构。

施工人员对涉及结构安全的试块、试件以及有关材料，应当在建设单位或者工程监理单位监督下现场取样，并送具有相应资质等级的质量检测单位进行检测。未经监理工程师签字，建筑材料、建筑构配件和设备不得在工程上使用或者安装，施工单位不得进行下一道工序的施工。

6.承担质量缺陷及质量事故处理

施工单位对施工中出现质量问题的建设工程或者竣工验收不合格的建设工程，应当负责返修。

工程发生质量事故，施工单位必须按照有关规定向监理单位、项目法人及有关部门报告，并保护好现场，接受工程质量事故调查，认真进行事故处理。

7.保证竣工工程质量

竣工工程质量必须符合国家和水利行业现行的工程标准及设计文件要求，并应向项目法人（建设单位）提交完整的技术档案、试验成果及有关资料。

（四）监理单位的质量管理

监理机构按照相关规定和监理合同的约定建立和健全质量控制体系，做到人员到位、岗位分工明确、职责精准细化，并在监理工作过程中结合施工进度情况不断改进和完善。

监理机构按照有关规定或施工合同约定，核查承包人现场检验设施、人员、技术条件等情况，施工单位建立和健全质量保证体系，在施工过程中应按照施工进度情况不断改进和完善。

监理机构按照监理人员职责分工，依据合同约定在施工过程中对承包人从事施工、安全、质检、材料等岗位和施工设备操作等需要持证上岗人员的资格进行检查验证。技术岗位和特殊工种的工人均应持有国家或有关部门统一考试或考核的资格证明，监理人认为必要时可进行考核，合格者才准上岗。对施工操作中不称职或违章、违规人员，要求承包人暂停或禁止其在本工程中继续工作，并及时更换合格的符合合同要求的经监理机构查验认可的人员。

1.建立监理机构，派驻合格人员

监理单位根据所承担的监理任务向施工现场派出相应的监理机构，人员配备必须满足项目要求。监理工程师上岗必须持有水利部颁发的监理工程师岗位证书，一般监理人员上岗要经过岗前培训。

工程监理单位应当选派具备相应资格的总监理工程师和监理工程师进驻施工现场。

2.建立健全质量控制体系及管理制度

监理机构应建立和健全质量控制体系。监理机构应制定与监理工作内容相适应的工作制度和管理制度。

3.制定监理规划及实施细则

监理机构应组织编制监理规划和监理实施细则，在约定的期限内报送项目法人。

4.履行质量控制的基本职责

监理机构的基本职责与权限应包括下列各项：

（1）审批承包人提交的各类文件。

（2）签发指令、指示、通知、批复等监理文件。

（3）检验施工项目的材料、构配件、工程设备的质量和工程施工质量。

（4）处置施工中影响或造成工程质量、安全事故的紧急情况。

5.对关键工序及关键部位进行旁站监理

监理工程师应当按照工程监理规范的要求，采取旁站、巡视和平行检验等形式，对建设工程实施监理。

监理机构按照监理合同约定，在施工现场对工程项目的重要部位和关键工序的施工，实施连续性的全过程检查、监督与管理。

6.对施工单位检验及评定结果进行核实

在承包人进行试样检测前，监理机构对其检测人员、仪器设备以及拟定的检测程序和方法进行审核；在承包人对试样进行检测时，实施全过程的监督，确认其程序、方法的有效性以及检测结果的可信度，并对该结果进行确认。

（五）检测单位的质量管理

1.检测单位须经监督机构授权

水利工程质量检测单位，必须取得省级以上计量认证合格证书，并经水利工程质量监督机构授权，方可从事水利工程质量检测工作，检测人员必须持证上岗。

2.对检测成果负责

检测单位应当按照合同和有关标准及时、准确地向委托方提交质量检测报告，并对质量检测报告负责。

任何单位和个人不得明示或者暗示检测单位出具虚假质量检测报告，不得篡改或者伪造质量检测报告。

3.报告检测发现的问题

检测单位应当将存在工程安全问题、可能形成质量隐患或者影响工程正常运行的检测结果以及检测过程中发现的项目法人、勘测设计单位、施工单位、监理单位违反法律、法规和强制性标准的情况，及时报告给委托方和具有管辖权的行政主管部门或者流域管理机构。

4.检测档案管理

检测单位应当建立档案管理制度。检测合同、委托单、原始记录、质量检测报告应当按年度统一编号，编号应当连续，不得随意抽撤、涂改。检测单位应当单独建立检测结果不合格项目台账。

（六）工程质量的监督管理

1.配备相应资质的质量监督员

质量监督机构可聘任符合条件的工程技术人员作为工程项目的兼职质量监督员。为保证质量监督工作的公正性、权威性，凡从事该工程监理、设计、施工、设备制造的人员不得担任该工程的兼职质量监督员。

2.制订质量监督计划

质量监督机构根据受监督工程的规模、重要性等，制订质量监督计划，确定质量监督的组织形式。在工程施工中，根据本规定对工程项目实施质量监督。

3.采用抽查方式对参建单位实施监督检查

水利工程建设项目质量监督方式以抽查为主。大型水利工程应建立质量监督项目站，中小型水利工程可根据需要建立质量监督项目站（组），或进行巡回监督。

工程质量监督的主要内容为：

（1）对监理、设计、施工和有关产品制作单位的资质进行复核。

（2）对建设、监理单位的质量检查体系和施工单位的质量保证体系以及设计单位现场服务等实施监督检查。

（3）对工程项目的单位工程、分部工程、单元工程的划分进行监督检查。

（4）监督检查技术规程、规范和质量标准的执行情况。

（5）检查施工单位和项目法人、监理单位对工程质量检验和质量评定的情况。

（6）在工程竣工验收前，对工程质量进行等级核定，编制工程质量评定报告，并向工程竣工验收委员会提出工程质量等级的建议。

4.委托检测单位对工程质量进行抽检

根据需要，质量监督机构可委托经计量认证合格的检测单位，对水利工程有关部位以及所采用的建筑材料和工程设备进行抽样检测。

四、原材料、中间产品和工程设备质量控制

原材料、中间产品和工程设备质量是保证工程施工质量的重要基础条件。一般情况下，原材料、中间产品和工程设备进场后，监理机构依据有关规范规定及施工合同约定，监督、督促承包人进行检验，承包人按规定检验后附材质证明和产品合格证及时进行报验。

（1）监理机构对施工单位的原材料、中间产品和工程设备报审表及其附件进行审核，附件中的"质量证明文件"是指出厂合格证、试验报告等，新材料、新产品应提供经有关部门鉴定、确认的证明文件。

监理机构对"报审表"书面材料审核通过后，再对进场实物进行细致检查，对规范要求进行复试的材料（如钢材、水泥、砂石料、块石等），监理人员应会同承包单位进行随机取样，取样按技术标准、规范的规定进行。监理人员应见证从检验（测）对象中抽取试验样品的全过程，同时做好取样、封样记录，并留送样委托单，取样完成后，见证送达指定机构检测。

（2）工程中结构用块石、钢筋及焊接试件、混凝土用的原材料、混凝土试块、砌筑砂浆试块、止水材料等项目，应实行见证取样、送样制度。见证取样的程序如下：

①施工单位取样人员在现场进行原材料取样和试块制作时，见证人必须在旁见证。

②见证人员应对试样进行监护，并和施工单位取样人员一起将试样送至检测单位或采取有效的封样措施送样。

③检测单位在接受委托任务时，须由送检单位填写委托单，见证人应在检验委托单上签名。

④检测单位应在检验报告单备注栏中注明见证单位和见证人姓名，发生试样不合格情况时，首先要通知工程送样见证单位。

（3）原材料、中间产品和工程设备未经检验和报验严禁使用；监理机构发现承包人未按有关规定和施工合同约定对原材料、中间产品和工程设备进行检验，应及时指示承包人补做检验；若承包人未按监理机构的指示进行补验，监理机构可按施工合同约定自行或委托其他有资质的检验机构进行检验，承包人应为此提供一切方便并承担相应费用。经检验不合格的材料、构配件和工程设备，监理人督促承包人及时运离工地或做出其他相应处理。

（4）监理机构在工程质量控制过程中发现承包人使用了不合格的材料、构配件和工程设备时，应指示承包人立即整改。

监理机构如对进场材料、构配件和工程设备的质量有异议，可指示承包人进行重新检验；必要时，监理机构应增加平行检测。

（5）对于承包人采购的工程设备，监理机构应参加交货验收；对于发包人提供的工程设备，监理机构应会同承包人参加交货验收。

五、施工设备控制

（1）施工合同文件中已经载明了承包人为保证工程正常施工及缺陷责任期维护工程所需的设备型号、数量、质量，监理机构应督促承包人按照施工合同约定保证施工设备按计划及时进场。

（2）施工设备进场后，承包人对进场的施工设备如实填报《施工设备报验单》，报监理机构评定和认可。监理机构重点核查进场设备的型号、数量、质量状况及产权情况，禁止不符合要求的设备投入使用，并要求承包人及时撤换。监理机构还应核查设备操作人员的资格、上岗证书等，并考查其工作经历及技术熟练程度。

（3）在施工过程中，监理机构应督促承包人对施工设备及时进行补充、维修、维护，以满足施工需要。

（4）旧施工设备进入工地前，承包人应提供该设备的使用和检修记录，以及具有设备鉴定资格的机构出具的检修合格证，经监理机构认可，方可入场。

（5）监理机构若发现承包人使用的施工设备影响施工质量和进度，应及时要求承包人增加或撤换。

六、施工过程质量控制

施工过程质量控制是工程质量控制最基本、最直接、最重要的环节。在施工过程中，监理机构一般采取巡查、检查、抽检、旁站等形式对施工过程质量进行控制，若发现由于承包人使用的材料、构配件、工程设备以及施工设备或其他人为因素可能导致工程质量不合格或造成质量事故时，或者施工方法、施工环境可能影响工程质量时，由专业监理工程师及时发出指示，要求承包人立即采取措施纠正。必要时，由总监签署指令，责令其停工整改。

（一）施工放样和现场工艺试验

施工放样贯穿水利工程的整个施工过程，因其工程特点，监理机构一般通过现场监督或抽样复测的方法进行控制。

现场工艺试验按照有关规范规定或设计要求确定，承包人编制完成现场工艺试验方案后，提交监理机构审批，并监督承包人按照批复的方案实施。

现场工艺试验完成后，承包人依据试验成果编制工艺试验报告，提交监理机构确认，按照合同约定，必要时还应提交发包人最终确认。

承包人依据确认的现场工艺试验成果编制施工措施计划中的施工工艺，提交监理机构审查核定。

（二）质量过程控制的主要措施

（1）跟踪检查作业人员、材料与工程设备、施工设备、施工工艺和施工环境等是否符合要求。

（2）通过检查、检测等方式，检验工序、单元工程、隐蔽工程质量，抽测外观工程质量。严格控制工程质量签证。单元工程（或工序）未经监理机构检验或检验不合格，承包人不得开始下一单元工程（或工序）的施工。

（3）组织工程质量经验总结与问题剖析，批准或签发经论证的工程缺陷处理和工程质量事故处理方案。

（4）监理机构发现由于承包人使用的材料、构配件、工程设备以及施工设备或其他原因可能导致工程质量不合格或造成质量事故时，及时发出指示，要求承包人立即采取措施纠正。必要时，责令其停工整改。

（5）监理机构发现施工环境可能影响工程质量时，应指示承包人采取有效的防范措施。必要时，应停工整改。

（6）在出现质量问题时，监理机构应对施工过程中出现的质量问题及其处理措施或遗留问题进行详细记录和拍照，保存好照片或音像片等相关资料。

（7）监理机构应参加工程设备供货人组织的技术交底会议，监督承包人按照工程设备供货人提供的安装指导书进行工程设备的安装。

（8）监理机构应审核承包人提交的设备启动程序并监督承包人进行设备启动与调试工作。

第三节　水利工程项目的特殊性

一、水利工程项目的社会经济环境特殊性

（一）社会影响

1.移民安置问题

水利工程项目的建设往往需要征收土地和迁移人口，因此移民安置问题是一个不可避免的问题。移民安置问题涉及移民的住房、生计、教育、医疗等方面，需要政府和社会各方面共同努力来解决。在移民安置过程中，政府需要制定合理的安置政策，确保移民的基本生活需求得到满足，同时要充分考虑移民的文化、宗教等因素，确保其社会地位和文化传承不受影响。此外，政府还需要加强对移民的培训和就业支持，帮助他们尽快适应新的生活环境，提高其自我发展能力。

2.社会基础设施影响

水利工程项目的建设会对周边地区的社会基础设施产生影响，包括交通、水利、电力、通信等基础设施。在项目建设过程中，政府需要加强对这些基础设施的建设和维护，确保其正常运转。同时，政府还需要加强对周边地区的基础设施建设，提高其发展水平，满足人民群众的需求。

3.社会就业影响

水利工程项目的建设会对周边地区的就业产生影响。一方面，项目建设需要大量的劳动力，可以提供一定的就业机会；另一方面，项目建设可能会对周边地区的传统产业造成冲击，导致部分人失业。因此，政府需要加强对周边地区的就业服务和支持，提高周边地区的就业水平。同时，政府还需要引导劳动力向其他产业转移，促进周边地区的产业结构升级。

水利工程项目的建设会对周边地区的社会经济环境产生一定的影响，需要政府和社会各方面共同努力来解决。政府需要制定合理的政策和措施，加强对移民的安置和就业支持，同时加强对周边地区的基础设施建设和就业服务，以促进社会经济的可持续发展。

（二）经济影响

1.项目投资成本

水利工程项目的投资成本包括建设成本、运营成本和维护成本。建设成本主要包括设计、施工、设备购置及安装等费用；运营成本主要包括运行人员工资及福利、设备维修及更新等费用；维护成本主要包括大修、设备更换等费用。投资成本的高低直接影响到项目的经济效益和投资回报。

2.项目经济效益分析

水利工程项目的经济效益主要体现在以下几个方面：一是项目直接产生的经济效益，包括水费收入、发电收入等；二是项目间接产生的经济效益，包括农业、工业等用水行业的增长，以及生态环境改善带来的间接效益；三是项目对社会经济发展的推动作用，包括促进地区经济增长、提高人民生活水平等。项目经济效益分析需要对项目的投资成本和收益进行详细的预测和评估。对于投资成本，需要进行详细的预算，包括各项费用的预计数额；对于收益，需要进行详细的预测，包括水费收入、发电收入等各项收入的增长情况。同时，还需要考虑到项目可能面临的风险，如水文条件变化、政策调整等，对项目经济效益的影响进行分析。

3.项目对地区经济发展的影响

水利工程项目对地区经济发展的影响主要体现在以下几个方面：一是项目自身的经济效益，包括水费收入、发电收入等，这些收入可以用于地区的经济发展和民生改善；二是项目对相关产业的影响，包括农业、工业等用水行业的增长，以及生态环境改善带来的间接效益；三是项目对地区基础设施的影响，包括改善地区的水资源条件、提高防洪能力等，这些都有利于地区的经济发展和居民生活水平的提高。

　　总的来说，水利工程项目具有重要的经济影响，既包括项目自身的经济效益，也包括项目对地区经济发展的推动作用。因此，在进行水利工程项目规划和实施的过程中，需要充分考虑到项目的经济影响，以实现项目经济效益的最大化，推动地区经济的持续发展。

二、水利工程项目的工程技术环境特殊性

　　水利工程项目通常需要在复杂的自然环境中进行施工，例如河流、湖泊、山区等。这些环境中的地质、水文、气象等条件往往给工程的建设带来很大的挑战。例如，在山区建设水利工程，需要克服地形高差、坡度大、岩石稳定性差等问题；在河流中建设水利工程，需要考虑河流的水流、泥沙、汛期等因素，以及如何保证工程的稳定性和安全性。因此，研究工程技术难度，分析各种不利因素，选择合适的工程技术方案，是确保水利工程顺利进行施工的关键。

（一）工程技术难度

1.复杂的水文地质条件

　　水文地质条件决定了地下水的分布、水位、水质等情况，对工程建设的影响至关重要。在水利工程项目中，需要进行水文地质勘查，了解地下水的变化规律，预测可能出现的问题，为设计和施工提供依据。例如，在建设水库时，需要了解水库对地下水的影响，预测可能出现的渗漏、塌陷等问题，并采取相应的措施进行防治。

2.大型水利枢纽工程

　　大型水利枢纽工程往往涉及众多的专业技术，如土建、水利、电气、机械

等，需要协调各种工程之间的关系，确保工程顺利进行。例如，三峡水利枢纽工程是世界最大的水利枢纽工程，涉及大量的土建、水利、电气、机械等专业技术的应用，需要对这些技术进行系统集成，从而形成一个高效、稳定的水利枢纽工程。

3.跨流域调水工程

跨流域调水工程需要解决的问题包括：如何保证水源地的水资源充足、如何选择合适的输水线路、如何保证输水过程中的水质安全等。例如，引黄济青工程是我国著名的跨流域调水工程，将黄河水引入青岛市，解决了青岛市供水不足的问题。在建设过程中，需要克服黄河水含沙量大、输水线路长等问题，为此采用了先进的工程技术手段，以确保工程顺利进行。

（二）国家标准与行业标准

国家标准和行业标准对于水利工程项目的工程技术环境有着重要的影响。国家标准是由国家相关机构制定的技术规范和标准，具有强制性和权威性。行业标准是由各个行业自行制定的技术规范和标准，主要用于指导行业内企业进行生产和经营活动。在水利工程项目中，国家标准和行业标准的制定和执行对于项目的成功至关重要。这些标准可以确保项目的技术要求得到满足，同时也可以保证项目的安全和可持续性。此外，国家标准和行业标准还可以促进技术交流和合作，为项目的顺利实施提供支持。

（三）技术创新与技术进步

技术创新和技术进步是水利工程项目中不可或缺的元素。随着科技的不断进步，新的技术和材料不断涌现，为水利工程项目提供了更多的选择和可能。技术创新可以为水利工程项目提供更加先进和高效的技术解决方案，从而提高项目的效率和质量。技术进步可以为水利工程项目提供更加环保和可持续的技术方案，从而降低项目对环境的影响，促进可持续发展。

（四）技术与环境协调

在水利工程项目中，技术与环境的协调非常重要。项目的实施往往会对周围的环境产生一定的影响，因此需要采取一系列措施来降低这种影响。技术与环境的协调可以通过采用环保技术和材料来实现。例如，在水利工程项目中使用环保材料可以降低项目对环境的影响，同时还可以提高项目的可持续性。此外，采用节能技术和绿色建筑技术也可以促进技术与环境的协调。

三、水利工程项目的生态环境特殊性

（一）生态环境保护

1.水土保持

水利工程项目往往涉及大量土石方的挖掘、搬运和堆放，如果没有进行有效的水土保持工作，将会对周边的土壤和水资源造成严重破坏。因此，项目开发者需要根据项目特点和当地的生态环境条件，制订合理的水土保持方案，包括水土流失防治、土壤保持、植被恢复等措施，以保护周边的生态环境。

2.水资源保护

水资源保护也是水利工程项目生态环境保护方面的重要内容。由于水利工程项目建设和运营过程中需要大量用水，因此，项目开发者需要对水资源进行合理规划和管理，以确保水资源的可持续利用。这包括水资源的节约使用、水资源污染防控、水生态保护等措施。

3.生态环境监测与评价

生态环境监测与评价是水利工程项目中不可或缺的一环。通过对项目周边的生态环境进行长期监测和评价，可以及时发现和处理生态环境问题，保证项目的可持续发展。这需要项目开发者制订合理的监测计划，确定监测指标和频率，并采用科学的评价方法，对监测数据进行分析，评估项目对生态环境造成的影响。

（二）生态影响与补偿

1.项目对生态环境的影响

水利工程项目的建设不可避免地会对生态环境产生影响，这些影响主要体现在以下几个方面：首先，水利工程项目会破坏原有的生态环境，包括土地、植被、水资源、动物栖息地等；其次，水利工程项目的建设会改变水文条件，从而影响到水生生态系统的平衡，进而可能会导致水生生物种群数量减少甚至灭绝；最后，水利工程项目的建设还可能导致土壤侵蚀、滑坡、泥石流等地质灾害，对周边生态环境造成破坏。

2.生态补偿措施

为了减轻水利工程项目对生态环境的破坏，需要采取一系列的生态补偿措施。首先，在项目设计阶段就应该考虑到生态环境的保护，尽可能地减少项目对生态环境的影响；其次，应采取生态恢复和重建措施，如植被恢复、水资源恢复、动物栖息地重建等，以恢复被破坏的生态环境；最后，还需要对受影响的生态环境进行监测和评估，及时发现并解决可能出现的问题。

3.生态恢复与重建

生态恢复和重建是生态补偿的重要措施之一，主要包括植被恢复、水资源恢复和动物栖息地重建等。例如，可以通过植树造林、草地恢复等方式，恢复被破坏的植被，提高生态环境的自我修复能力；可以通过引水、排水等方式，恢复被破坏的水资源，保证水生生态系统的平衡；可以通过建设野生动物保护区、栖息地恢复等方式，恢复被破坏的动物栖息地，保护野生动物的生存环境。

四、水利工程项目的管理特殊性

（一）项目法人责任制

项目法人责任制是指在项目施工过程中，明确项目法人的职责和义务，从而确保项目按照计划顺利进行。项目法人的主要职责包括：组建项目法人在现场的建设管理机构，负责落实工程建设计划和资金，对工程质量、进度、资金等进行管理、检查和监督，以及协调项目的外部关系。通过项目法人责任制，可以确保项目投资者对项目全权负责，有利于项目的顺利推进。

（二）项目合同管理

项目合同管理是指在项目施工过程中，对项目合同进行全过程的管理和控制，以确保项目合同的履行。项目合同管理的主要内容包括：合同的签订、履行、变更、解除和终止等。通过项目合同管理，可以确保项目各方按照合同约定履行自己的责任和义务，这有利于项目的顺利进行。

（三）项目风险管理

项目风险管理是指在项目施工过程中，对项目可能面临的各种风险进行识别、评估和控制，以降低项目风险对项目进展的影响。项目风险管理的主要内容包括风险识别、风险评估、风险控制和风险监测等。

（四）项目协调管理

1.项目利益相关者分析

在水利工程项目中，利益相关者是指参与项目或受项目影响的组织和个人。项目利益相关者分析旨在识别项目的主要利益相关者，了解他们的利益诉求和影响力，以便在项目施工过程中更好地协调和管理各方利益关系。首先，要识别项目的利益相关者。这需要对项目的背景、目标和影响进行全面分析，包括政府、建设单位、设计单位、施工单位、监理单位、当地居民等。其次，要分析利益相关者的利益诉求和影响力。这需要了解各利益相关者的目标和期望，以及他们在项目中的地位和作用。最后，要制定利益相关者管理策略。这包括建立有效的沟通渠道，制订利益相关者参与项目决策的方案，以及采取适当的方式平衡各方利益关系。

　　2.项目协调机制

　　项目协调机制是指为保证项目顺利进行而采取的管理措施和制度安排。在水利工程项目中，项目协调机制主要包括以下几个方面：

　　（1）建立项目协调小组。项目协调小组由项目各方代表组成，负责协调项目施工过程中的问题和矛盾，确保项目按计划进行。

　　（2）制订项目协调计划。项目协调计划是项目协调管理的核心文件，包括项目目标、进度、资源分配等内容，旨在明确项目各方的责任和义务，确保项目协调有序进行。

　　（3）建立项目协调会议制度。项目协调会议是项目协调管理的重要手段，可以定期或不定期召开，由项目协调小组成员参加，讨论项目施工过程中的问题和矛盾，协商解决方案。

第四节　影响水利工程
施工质量的因素

一、工程环境因素

（一）天气因素

天气是水利工程施工中必须考虑的重要环境因素之一。天气条件会影响到施工进度、施工材料和设备的性能以及施工人员的工作环境。例如，恶劣天气如高温、低温、高湿度或大风力等，可能会对混凝土的浇筑和养护产生负面影响，导致施工质量下降。

（二）地形因素

地形对水利工程施工质量的影响主要表现在以下几个方面：首先，地形决定了施工场地的平整程度，不平整的场地会影响施工设备的正常运行和施工效率；其次，地形影响施工材料和设备的运输及搬运，不利的地形条件可能导致施工材料和设备的损耗增大；最后，地形的坡度和坡向对水利工程的水流和土压力分布有重要影响，从而影响到工程的安全性和稳定性。

（三）地质因素

地质条件对水利工程施工质量的影响主要表现在基础工程、地下水和地质灾害等方面。首先，地质条件决定着基础工程的类型和施工方法，不良的地质条件可能导致基础工程的施工难度增大，进而影响施工质量；其次，地下水对水利工程施工具有很大的影响，地下水位过高或过低都可能导致施工问题，如涌水、塌方等；最后，地质灾害如地震、滑坡、泥石流等对水利工程施工具有极大的破坏性，必须进行严格的地质勘查和评估，以确保施工安全。

（四）水文因素

水文因素主要包括水位、流速、流量、泥沙含量等，这些因素对水利工程的施工具有重要影响。例如，水位过高或过低都可能影响到施工进度和质量；流速和流量的大小会影响到施工材料和设备的运输及搬运；泥沙含量过高可能导致施工材料的性能降低，从而影响到施工质量。

总之，工程环境因素对水利工程施工质量具有重要影响。在水利工程施工过程中，必须充分考虑这些因素，采取相应的措施，以确保施工质量。

二、工程施工因素

（一）施工队伍

施工队伍是工程施工的主体，其技术水平、施工经验和团队协作能力直接影响到施工质量。施工队伍应具备相应的资质和经验，严格按照施工标准和规范进行操作，保证施工质量。

（二）施工材料

水利工程施工所需材料包括土方、石料、混凝土、钢筋等，材料的质量直接关系到工程的安全和耐久性。采购合格的施工材料，并对其进行严格检测和质量控制，是确保水利工程施工质量的基础。

（三）施工机械

施工机械是工程施工的重要工具，其性能、状态和配置等对施工质量具有重要影响。合理配置性能优良、状态良好的施工机械，加强施工机械的维护保养和驾驶人员的操作培训，有助于提高施工质量。

（四）施工方法

施工方法是实现工程设计意图的关键环节，科学的施工方法能够保证施工质量，提高工程效益。应根据工程特点和条件，选择合适的施工方法，如土方开挖、基础处理、建筑物结构施工等，确保施工质量。

总之，工程施工因素是影响水利工程施工质量的关键因素，包括施工队伍、施工材料、施工机械、施工方法等方面。要保证水利工程施工质量，就必须严格控制这些因素，确保工程施工过程的科学性、规范性和合理性。

三、工程材料和设备因素

（一）工程材料的质量控制

水利工程中使用的材料种类繁多，如混凝土、钢材、土工材料等，这些材料的质量对工程质量具有重要影响。在施工过程中，应严格控制材料的质量，包括原材料的选购、进场验收、复试和质量证明书的审核等环节。同时，应对材料进行合理的存储和运输，避免材料受到污染、损坏或变质。

（二）设备的状态和性能

水利工程施工中使用的设备包括工程机械、测量仪器、电气设备等。设备的状态和性能直接影响到施工的效率和质量。因此，应定期对设备进行维护和检查，确保设备处于良好的工作状态。对于重要设备，还应定期进行精度检测和校准，以保证设备的测量结果准确可靠。

（三）施工过程中的材料和设备管理

在施工过程中，应建立完善的材料和设备管理制度，包括材料的领用、使用、退库等。同时，要加强对材料和设备的现场监管，防止材料和设备在使用过程中被滥用、盗窃或遗失。此外，还要注意材料的节约使用，提高材料的使用效率，降低工程成本。

（四）工程材料和设备的供应商选择

在选择工程材料和设备的供应商时，应综合考虑供应商的信誉、产品质量、价格、售后服务等因素。与优质的供应商建立长期合作关系，可以确保工程材料和设备的质量，为水利工程施工质量提供保障。

总之，工程材料和设备因素对水利工程施工质量具有重要影响。要保证水利工程施工质量，就必须严格控制工程材料和设备的质量，加强设备的状态和性能管理，完善材料和设备的管理制度，并选择优质的供应商。

第五节　水利工程质量控制的
方法和策略

一、水利工程质量控制的方法

（一）质量计划管理

1.质量计划的编制

质量计划的编制是水利工程质量控制的第一步，也是关键的一步。质量计划应根据工程的特点和需求，结合水利工程建设的实际情况，明确工程质量管理的目标、组织、程序、方法和标准，形成一个具体、实用、操作性强的质量计划。在编制质量计划时，应注意以下几点：

（1）明确工程质量管理的目标。根据工程的特点和需求，明确工程质量管理的目标，如确保工程安全、保证工程进度、提高工程质量等。

（2）确定工程质量管理的组织。根据工程规模和特点，确定工程质量管理的组织，明确质量管理人员的职责和权限，建立质量管理协调机制。

（3）制定工程质量管理的程序。根据工程的特点和需求，制定工程质量管理的程序，包括质量策划、质量控制、质量保证、质量改进等。

（4）选择合适的质量管理方法。根据工程的特点和需求，选择合适的质量管理方法，如全面质量管理、质量控制圈等。

（5）确定工程质量管理的标准。根据工程的特点和需求，确定工程质量管理的标准，如国家标准、行业标准、企业标准等。

2.质量计划的实施

质量计划的实施是水利工程质量控制的关键环节。在质量计划的实施过程中，应注意以下几点：

（1）加强质量管理人员的培训。提高质量管理人员的专业素质和技能，以确保质量计划的有效实施。

（2）落实质量责任制。明确各级质量管理人员的职责和权限，落实质量责任制，确保质量计划的顺利实施。

（3）加强质量检查。对工程质量进行检查，及时发现和解决质量问题，确保工程质量符合要求。

（4）定期评价质量计划。定期对质量计划的实施情况进行评价，总结经验教训，不断优化质量计划。

3.质量计划的检查和评价

质量计划的检查和评价是水利工程质量控制的重要环节。在质量计划的检查和评价过程中，应注意以下几点：

（1）检查质量计划的完整性。检查质量计划是否完整，是否包括工程质量管理的目标、组织、程序、方法和标准等内容。

（2）检查质量计划的合理性。检查质量计划是否合理，是否符合工程的特点和需求。

（3）检查质量计划的实施情况。检查质量计划是否得到有效实施，是否达到预期的效果。

（4）评价质量计划的效果。根据质量计划的实施情况，评价质量计划的效果，总结经验教训，不断优化质量计划。

总之，质量计划管理是水利工程质量控制的重要环节，包括质量计划的编制、实施、检查和评价。只有加强质量计划管理，才能确保水利工程质量得到有效控制。

（二）质量控制点的设置和管理

1.质量控制点的分类和选择

质量控制点是指在水利工程建设过程中，需要进行质量控制的关键环节或关键点。根据工程建设过程中的不同环节和特点，质量控制点可以分为设计质量控制点、施工质量控制点和验收质量控制点等。在设置质量控制点时，应根据工程的特点和实际情况，选择对工程质量影响大、风险高、容易出现问题的环节作为质量控制点。例如，对于大坝工程，混凝土浇筑、大坝泄洪、大坝安全监测等环节都可以作为质量控制点。

2.质量控制点的设置原则和程序

质量控制点的设置应遵循以下原则：

（1）科学性原则。质量控制点的设置应基于科学的方法和手段，确保质量控制点设置得合理、有效。

（2）系统化原则。质量控制点的设置应形成一个完整的体系，覆盖工程建设的各个环节，确保质量控制的全过程管理。

（3）重点突出原则。质量控制点的设置应突出重点，对工程质量影响大的环节应加强质量控制。

质量控制点的设置程序主要包括：

（1）确定质量控制点设置的范围和目标。根据工程的特点和实际情况，明确质量控制点设置的目标和范围。

（2）分析工程特点和风险。对工程的特点和风险进行充分分析，为质量控制点的设置提供依据。

（3）制订质量控制点设置方案。根据分析结果，制订具体的质量控制点设置方案，明确质量控制点的位置、类型、数量等。

（4）审核和批准。对质量控制点设置方案进行审核和批准，确保质量控制点设置的合理性和有效性。

3.质量控制点的管理措施

质量控制点的管理措施主要包括：

（1）加强监督检查。对质量控制点进行定期和不定期的监督检查，及时发现和解决问题，确保质量控制点的质量。

（2）落实责任制度。明确质量控制点责任人和责任部门，确保质量控制点的质量责任到人。

（3）加强培训和交流。对质量控制点人员进行培训和交流，提高其业务水平和质量意识，确保质量控制点的质量。

（4）制定应急预案。对可能出现的突发事件和异常情况，应制定应急预案，确保质量控制点的质量和安全。

总之，质量控制点的设置和管理是水利工程质量控制的重要环节，需要充分考虑工程的特点和实际情况，科学合理地设置质量控制点，并加强质量控制点的管理，确保工程质量和工程安全。

（三）质量检查和验收

1.质量检查的内容和方法

质量检查是水利工程质量控制的重要环节，主要包括施工过程中的质量检查和竣工后的质量验收。施工过程中的质量检查主要是对施工材料、设备、工艺、操作等进行检查，以保证施工质量符合设计要求和规范规定。竣工后的质量验收则是对整个工程的质量进行评估，确认工程是否达到设计要求、是否满足使用功能等。

质量检查的方法主要有目测法、实测法和理化试验法等。目测法是通过直接观察工程外观、结构、尺寸等，判断其是否符合设计要求。实测法是通过使用测量工具和仪器，对工程的尺寸、形状、位置、材料性能等进行测量，以验证其是否符合设计要求。理化试验法是通过实验室的理化试验，对工程材料和产品的性能、质量进行检验。

2.质量验收的标准和程序

质量验收的标准主要包括国家相关法律法规、行业标准、设计文件、施工规范等。应根据这些标准，对工程质量进行检查，判断其是否达到规定的质量要求。

质量验收的程序主要包括：工程竣工报告的提交、竣工验收的组织、工程质量的检查、工程质量的评定、工程质量的验收等。首先，施工单位需要提交工程竣工报告，包括工程竣工图纸、工程竣工说明书等。然后，建设单位组织竣工验收，对工程质量进行检查。接着，根据检查结果，对工程质量进行评定。最后，对工程质量进行验收，如果工程质量达到规定的要求，则验收通过，工程交付使用。

3.质量检查和验收的表格和文件管理

质量检查和验收的表格主要包括：工程质量检查表、工程质量验收表、工程质量问题处理表等。这些表格记录了工程的质量检查和验收的过程和结果，是质量控制的重要文件。

文件管理是质量检查和验收的重要环节，主要包括文件的收集、整理、归档等。收集的文件主要包括施工过程中的质量检查记录、竣工验收报告等。文件的整理主要包括对收集的文件进行分类、编号、摘要等。文件的归档主要是将整理好的文件进行归档，便于查阅和保管。

（四）质量改进和持续改进

1.质量改进的目标和措施

质量改进是提升水利工程质量的关键环节。其目标是通过不断地优化和改善工程设计、施工和管理，提高工程质量的整体水平。具体的措施包括：

（1）分析现有工程中存在的问题，找出质量控制的薄弱环节，有针对性地制定改进措施。

（2）加强质量管理体系建设，建立完善的质量管理制度和流程，确保质量管理的有效实施。

（3）通过培训和教育等方式，提升员工的质量意识和技能水平。

（4）引入先进的质量管理方法和工具，如六西格玛管理、卓越绩效管理等，提升质量管理水平。

2.持续改进的流程和方法

持续改进是一种以不断改进为目标的管理理念，其核心是不断地进行PDCA（计划、执行、检查、行动）循环，以实现质量的持续提升。具体的流程和方法包括：

（1）制订改进计划。明确改进的目标、内容、方法和时间表。

（2）执行改进措施。按照计划实施改进措施，确保措施的有效性和可行性。

（3）检查改进效果。通过数据收集和分析，评估改进措施的效果。

（4）行动。根据检查结果，对改进措施进行调整和改进，以实现质量的持续提升。

3.质量改进和持续改进的成果评价

质量改进和持续改进的成果评价主要包括两个方面：一是对改进措施的实际效果进行评价，看是否达到了预期的改进目标；二是对改进过程进行评价，看是否符合PDCA循环的要求，是否实现了持续改进。

评价的方法包括数据分析、问卷调查、专家评审等。通过对成果的评价，可以对质量改进和持续改进的效果进行反馈，进一步优化和改进质量控制工作，实现水利工程质量的持续提升。

二、水利工程质量控制的策略

（一）质量管理体系建设

1.质量管理体系的构建和运行

质量管理体系的构建是水利工程质量控制的基础。应根据 ISO 9001 国际质量管理体系标准，结合水利工程的特点，制定相应的质量管理体系文件，包括质量手册、程序文件、作业指导书和记录表格等。质量管理体系的运行需要全体员工的参与，各部门要密切协作，确保各项质量活动有序进行。

2.质量管理体系的持续改进和优化

质量管理体系的持续改进和优化是提高水利工程质量的关键。应通过定期内部审核、管理评审等手段，及时发现问题，采取有效措施进行整改。同时，要积极引进先进的管理理念和方法，如六西格玛管理、精益管理等，不断优化质量管理体系，提高质量管理水平。

3.质量管理体系的认证和评估

质量管理体系的认证和评估是确保水利工程质量控制有效的重要手段。可通过第三方认证机构对质量管理体系进行审核，获得认证证书，表明质量管理体系符合国际标准，具备较高的质量管理水平。此外，定期进行自我评估和同行业间的相互评估，可以找出差距，取长补短，进一步提高质量管理水平。

（二）全员参与和培训

1.全员参与的原则和方式

全员参与是水利工程质量控制的重要原则，它强调所有工程相关人员都应积极参与到质量控制的过程中。具体的方式包括：定期召开工程质量会议，让所有人员都有机会提出自己对质量的看法和建议；建立激励机制，对提出好建议的人员给予奖励，鼓励工程相关人员更多地参与到质量控制中；进行定期的质量培训，提高所有人员的质量意识和技能水平。

2.培训的内容和方式

培训是提高全员质量意识和技能水平的重要手段。培训的内容应涵盖工程质量管理的基本理论、实践方法和案例分析等。培训方式可以灵活多样，如专题讲解、案例研讨、模拟操作等，以适应不同人员的接受能力和学习习惯。

3.全员参与和培训的效果评价

全员参与和培训的效果评价应从以下几个方面进行：首先是工程质量的改善，通过数据对比分析全员参与和培训前后工程质量的变化情况；其次是人员素质的提升，通过考试、问卷调查等方式了解全员质量知识和技能的掌握情况；最后是工作氛围的营造，通过问卷调查、座谈会等方式了解全员参与和培训对工作氛围的影响。这些评价结果将作为下一轮全员参与和培训的依据，进而形成一个持续改进的闭环。

（三）信息技术在质量控制中的应用

1.信息技术的种类和应用范围

随着信息技术的不断发展，其在水利工程质量控制中的应用也越来越广泛。目前，常用的信息技术包括：

（1）数据库技术。通过建立水利工程项目的数据库，实现对工程质量信息的实时采集、存储和分析，为质量控制提供数据支持。

（2）网络通信技术。通过搭建项目内部质量控制网络平台，实现各部门之间的信息共享与沟通，提高质量控制工作的效率。

（3）遥感技术。利用遥感技术对水利工程现场进行实时监测，获取工程进度、质量等方面的信息，为质量控制提供依据。

（4）GIS（地理信息系统）技术。通过 GIS 技术对水利工程的空间数据进行处理和分析，为质量控制提供地理信息支持。

（5）虚拟现实技术。通过虚拟现实技术模拟水利工程场景，帮助施工人员了解施工现场情况，提高施工质量。

2.信息技术在质量控制中的应用方法

（1）数据采集与分析。利用数据库技术、网络通信技术等信息化手段，实时采集和分析水利工程项目的质量信息，为质量控制提供数据支持。

（2）远程监控与管理。通过遥感技术、GIS 技术等信息化手段，实现对水利工程现场的远程监控与质量管理，提高质量控制工作的效率。

（3）模拟仿真与培训。利用虚拟现实技术等信息化手段，对施工人员进行模拟仿真培训，提高施工质量。

（4）质量问题预警。通过建立水利工程质量控制预警系统，实现对潜在质量问题的及时预警，避免质量事故的发生。

3.信息技术在质量控制中的应用效果评价

信息技术在水利工程质量控制中的应用，可以提高质量控制工作的效率和准确性，降低质量事故的发生概率。通过实际项目的应用实践，可以发现信息技术在质量控制中的应用具有以下优点：

（1）提高质量控制工作效率。信息技术的应用可以实现对水利工程质量信息的实时采集、传输和分析，提高质量控制工作效率。

（2）提高质量控制准确性。信息技术可以实现对水利工程质量数据的科学分析，为质量控制提供准确依据。

（3）降低质量事故发生概率。信息技术可以实现对水利工程质量问题的及时预警，避免质量事故的发生。

（4）提升施工人员素质。信息技术在质量控制中的应用，可以提高施工人员的质量意识和技能水平，提升整体施工素质。

第六节　施工过程的质量控制

一、水利工程施工准备阶段的质量控制

（一）施工图纸审查

施工图纸是施工的依据，图纸的质量和准确性直接影响到工程的施工质量和进度。因此，在施工图纸审查阶段，应加强对图纸的审核力度，确保图纸的质量和准确性。同时，还应根据施工图纸审查的结果，对施工方案进行优化和调整，以确保施工方案的科学性和合理性。

（二）施工材料和设备的质量控制

施工材料和设备是施工的基础，其质量和性能直接影响到工程的施工质量和进度。因此，在施工材料、设备的采购和使用过程中，应加强对材料、设备的质量控制，确保其符合相关标准和规定。同时，还应建立健全施工材料、设备管理制度，加强对材料、设备的保管和维护，确保其安全可靠。

（三）施工人员素质和技能要求

施工人员是施工的主体，其素质与技能水平直接影响到工程的施工质量和进度。因此，在施工人员招聘和培训过程中，应提高对施工人员素质和技能的要求，确保其具备相关技能和证书。同时，还应建立健全施工人员管理制度，加强对施工人员的管理和考核，确保其能够胜任施工工作。

二、水利工程施工过程中的质量控制

（一）施工现场管理

施工现场管理是水利工程施工质量控制的基础。施工现场管理人员应根据施工图纸和施工计划，对施工过程中的各个环节进行严格把控。首先，要确保施工现场的清洁、整齐，为施工人员提供一个良好的工作环境。其次，要对施工人员进行定期的技能培训和安全教育，提高他们的专业技能和安全意识。最后，要建立健全施工现场管理制度，确保施工过程中的各个环节有序进行。

（二）施工工艺和操作流程控制

施工工艺和操作流程控制是水利工程施工质量控制的关键。在施工过程中，应严格按照规定的施工工艺和操作流程进行，以保证施工质量。首先，施工人员要熟悉施工图纸和施工方案，了解施工要求。其次，要定期对施工设备进行检查和维护，确保设备正常运行。最后，要加强对施工过程的监督，及时发现并解决问题。

（三）质量检查和验收

质量检查和验收是水利工程施工质量控制的最后一环。在施工过程中，要定期进行质量检查，及时发现和整改问题。质量检查应包括施工材料、施工设备、施工工艺等多个方面。在施工完成后，要进行严格的验收，确保工程质量达到规定标准。此外，要做好施工记录和资料的整理归档，为以后的维修和管理提供依据。

总之，水利工程施工过程中的质量控制是一个系统工程，需要从施工现场管理、施工工艺和操作流程控制以及质量检查和验收等多个环节进行严格把控。只有做好这些工作，才能保证水利工程的质量，为社会经济发展和人民生活提供坚实保障。

三、水利工程施工结束后的质量控制

（一）工程保修和维护

工程保修是施工单位对施工过程中出现的质量问题进行修复和整改的过程。在水利工程施工结束后，施工单位需要对工程进行全面的检查，以确保工程的质量符合合同要求和相关标准。如果发现质量问题，施工单位需要在规定的保修期内进行修复和整改，以保证工程的使用寿命和安全性。

工程维护是指在工程使用过程中，对工程设施进行定期检查、保养和维修，以保证工程的正常运行和使用。水利工程在使用过程中，可能会受到自然因素和人为因素的影响，导致工程的设施和设备出现损坏或故障。因此，工程维护的主要任务是及时发现和修复工程设施和设备的问题，以保证工程的正常运行。

（二）工程回访和评价

工程回访是指在工程交付使用后，施工单位对工程的使用情况进行跟踪和了解，以获取用户对工程的反馈和意见。通过工程回访，施工单位可以了解用户对工程的使用情况和满意度，及时发现工程存在的问题和不足之处，以便及时进行改进和修复。

工程评价是指对工程的质量、进度、投资等方面进行综合评价，以评估工程的整体效果和效益。水利工程评价的主要任务是评估工程的质量、安全性、经济性和社会效益，为以后的工程提供参考和借鉴。

总之，水利工程施工结束后的质量控制是一个重要环节，需要对工程进行全面的保修和维护，以及对工程进行回访和评价。这些工作对于保证工程的质量、安全性、经济性和社会效益具有重要意义。

第七节　质量检验与验收

一、水利工程质量检验与验收的意义和目的

（一）水利工程质量检验与验收的意义

水利工程质量检验与验收是确保工程安全运行的基础。通过严格的质量检验和验收，可以及时发现和纠正工程建设过程中的质量问题，保证工程的安全稳定运行，防止因工程质量问题导致的水灾、垮坝等安全事故。

水利工程质量检验与验收对提高工程效益具有重要意义。只有保证工程质量，才能充分发挥工程应有的功能，实现水资源的有效利用，保障农业、工业和城市用水需求，促进经济社会发展。

水利工程质量检验与验收是维护政府形象的重要手段。政府投资建设的水利工程，其质量直接关系到政府的公信力。严格的质量检验和验收，有助于树立政府负责任的形象，提高政府在社会公众中的威信。

（二）水利工程质量检验与验收的目的

水利工程质量检验与验收的主要目的是确保工程质量。通过验收，对工程建设质量进行严格把关，确保工程质量符合国家和行业的相关标准和要求。

水利工程质量检验与验收是为了规范工程建设行为。通过验收，可以督促建设、设计、施工、监理等各方履行法定职责，确保工程建设按照设计、施工

规范和验收标准进行。

水利工程质量检验与验收是为了提高工程管理水平。通过验收，可以总结工程建设过程中的经验教训，为以后类似工程提供参考，不断提高工程管理水平。

总之，水利工程质量检验与验收对于保障工程安全运行、提高工程效益、维护政府形象具有重要意义，其目的是确保工程质量、规范工程建设行为和提高工程管理水平。

二、水利工程质量检验与验收的法规体系

（一）相关法律法规

1.水利工程建设法规

水利工程建设法规主要包括《中华人民共和国水法》《中华人民共和国河道管理条例》《水库大坝安全管理条例》等。这些法律法规对水利工程的建设、管理和监督等方面作出了明确的规定，为水利工程质量检验与验收提供了法律依据。

2.工程建设标准法规

工程建设标准法规主要包括《工程建设国家标准管理办法》《工程项目建设标准编制程序规定》等。这些法规规定了工程建设标准的管理、制定和实施程序，为水利工程质量验收标准的制定提供了依据。

3.质量监督法规

质量监督法规主要包括《中华人民共和国产品质量法》《建设工程质量管理条例》等。这些法规明确了质量监督的主体、职责、程序和法律责任，为水利工程质量检验与验收提供了法律保障。

（二）水利工程质量验收标准

1.验收标准的分类

水利工程质量验收标准分为水库大坝工程质量验收标准、河道整治工程质量验收标准等。这些标准分别针对不同类型的水利工程，规定了工程质量验收的具体要求和方法。

2.验收标准的主要内容

水利工程质量验收标准的内容主要包括以下几个方面：

（1）工程质量验收的基本要求：验收的组织、程序、方法和标准等。

（2）工程质量验收的合格标准：工程质量的实体要求、功能要求、外观要求等。

（3）工程质量验收的抽样方法：抽样原则、抽样方案、抽样数量等。

（4）工程质量验收的评定方法：验收评定的程序、方法和标准等。

（5）工程质量验收的质量控制：质量控制的目标、措施、方法和程序等。

总之，水利工程质量检验与验收的法规体系包括相关法律法规和水利工程质量验收标准两个方面，为水利工程的质量管理提供了全面、系统的法律依据和技术要求。

三、水利工程质量检验与验收的组织与管理

（一）验收组织机构的设立

水利工程质量检验与验收的组织机构主要由验收组织、验收委员会和验收组三个层次构成。

（1）验收组织由建设单位组织，负责水利工程质量检验与验收的全面工作。

（2）验收委员会由验收组织机构成员和有关专家组成，负责水利工程质

量验收的决策和指导工作。

（3）验收组由验收委员会成员和相关专业技术人员组成，负责具体的水利工程质量检验与验收工作。

（二）验收人员的资格要求与职责分工

1.验收人员的资格要求

验收人员应具备相应的专业知识和丰富的实践经验，能够独立、客观、公正地开展水利工程质量检验与验收工作。验收人员应具备以下资格条件：①具有水利工程及相关专业大专以上学历或中级以上职称；②具有5年以上水利工程设计、施工、监理或质量检测工作经验；③熟悉国家有关水利工程质量检验与验收的法律法规、标准和规范。

2.验收人员的职责分工

验收人员根据验收组织机构的安排，各自承担以下职责：①验收组织人员负责组织、协调水利工程质量检验与验收工作，制订验收计划，整理验收资料，组织验收会议等；②验收委员会成员负责对水利工程质量检验与验收工作进行监督、指导，对验收结果进行审查、批准；③验收组成员负责具体的水利工程质量检验与验收工作，包括现场检查、抽样检测、数据汇总、编写验收报告等。

四、水利工程质量检验与验收的流程和方法

（一）水利工程质量检验与验收的流程

1.工程质量预验收

工程质量预验收是水利工程建设过程中至关重要的一环，它主要是在工程完工后，施工单位对工程的质量进行全面自检，并对工程的质量问题进行整改。预验收的主要目的是确保工程的质量符合设计要求和规范规定，及时发现和解

决工程质量问题，为工程的终验收做好准备。

2.工程质量终验收

工程质量终验收是水利工程建设的最后一步，由建设单位组织，邀请相关部门和专家参与，对工程的质量进行全面检查和评估。终验收的主要依据是工程的设计文件、施工记录、质量检验报告等，重点检查工程的质量是否符合设计要求、规范规定和使用要求，工程的安全性和环保性是否达标。经验收合格后，工程才能正式投入使用。

3.工程质量保修期管理

工程质量保修期管理是指在工程质量终验收合格后，施工单位需要对工程的质量进行保修，确保工程在保修期内正常运行和使用。保修期管理的主要内容包括：一是建立工程质量保修档案，详细记录工程的保修过程和结果；二是对工程的运行情况进行定期检查和维护，及时发现和解决工程质量问题；三是对于在保修期内出现的工程质量问题，施工单位需要及时进行维修，确保工程的质量始终符合要求。通过保修期管理，可以有效地维护工程的安全性和使用寿命，提高工程的投资效益。

（二）水利工程质量检验与验收的方法

1.检查法

检查法是通过对水利工程项目的各个部位、各个环节、各个方面的全面检查，对其工程质量进行评估。检查法包括目测检查、手工检查和仪器检查等。这种方法的特点是简单、直观、易于操作，适用于质量检验的初步阶段。

2.测量法

测量法是通过测量水利工程项目的各项参数，如长度、高度、宽度、厚度、角度等，来评估其质量。测量法的特点是测量准确、数据可靠，但需要专业的测量设备和技能。

3.试验法

试验法是通过水利工程项目的各项试验，如材料试验、结构试验、功能试验等，来评估其质量。试验法的特点是试验数据准确、可靠，能够全面评估工程质量。

4.评定法

评定法是通过综合评价水利工程项目的各项指标，如质量、安全、环保、经济等，来评估其质量。评定法的特点是综合评价、全面评估，能够反映出项目的整体质量水平。

水利工程质量检验与验收的方法包括检查法、测量法、试验法和评定法。这些方法各有特点，适用于不同的质量检验阶段。在实际操作中，应根据项目的具体情况，选择合适的方法进行质量检验与验收。

五、水利工程质量检验与验收中存在的问题及对策

（一）存在的问题

1.验收标准不统一

在我国的工程质量检验与验收过程中，一个显著的问题就是验收标准的统一性。由于各种原因，包括政策、法规、行业规范等，导致验收标准存在不统一的现象，这给工程验收工作带来了困扰。首先，国家和地方政府出台的相关政策、法规可能存在不一致的地方，这就使得工程验收部门在具体操作时难以准确把握。此外，不同行业、不同领域的验收标准也可能存在差异，这无疑增加了工程验收的难度。其次，由于各种规范、标准可能存在更新滞后的情况，使得工程验收过程中的一些标准不能很好地反映当前的技术水平，从而影响了验收的准确性。

2.验收程序不规范

在水利工程质量检验与验收过程中，验收程序不规范是一个普遍存在的问题。不规范的验收程序可能导致工程质量问题无法及时被发现，进而影响工程的安全性和稳定性。首先，部分验收程序缺乏严谨性和科学性。在实际验收过程中，一些验收人员未严格按照规定的程序和标准进行验收，导致验收结果不具有可信度。其次，部分验收程序过于简化，无法全面评估工程质量，从而影响验收的效果。此外，验收程序中信息沟通不畅。在验收过程中，往往存在多个部门和单位参与，但各部门之间的沟通不畅，信息传递不及时，导致验收进度受阻，甚至影响验收结果的准确性。

3.验收责任不明确

水利工程质量检验与验收中，验收责任不明确是一个重要问题。责任不明确可能导致工程质量问题无法有效追责，从而影响到工程的质量和安全性。首先，验收责任分配不明确。在实际验收过程中，有时存在多个部门和单位参与，但各方的责任划分不清晰，导致工程质量问题难以追责。其次，验收责任分配不合理，可能导致一些验收人员责任心不强，影响验收的质量和效果。此外，验收职责的履行不到位。在验收过程中，一些验收人员未严格按照规定履行职责，对工程质量把关不严，甚至存在验收走过场的情况。这使得工程质量问题无法及时被发现并整改，影响了工程的安全性和稳定性。

4.验收信息不透明

在水利工程验收过程中，往往缺乏明确的验收标准，导致验收过程中存在较大的主观性和随意性。有些验收人员可能根据自己的经验和感觉来判断工程质量，而不是依据明确的验收标准进行评估。这不仅降低了验收的公正性和准确性，还可能影响工程的安全性和稳定性。在水利工程验收过程中，一些项目可能未按照规定的程序进行，如未进行初步验收、未提交完整的验收资料等。这使得验收过程缺乏监督和约束，可能导致验收结果失实。在水利工程验收过程中，一些项目可能存在验收信息不公开的现象。这可能是因为一些项目担心公开验收信息会影响到项目的形象和声誉，或者担心公开验收信息会导致公众对项目的过度关注和质疑。然而，验收信息的公开透明有助于提高验收的公正性和公平性，保障公众的知情权和监督权。在水利工程验收过程中，验收人员的素质和能力直接影响到验收结果的准确性。然而，目前我国水利工程验收人员素质参差不齐，一些验收人员缺乏必要的专业知识和经验，难以准确判断工程质量。这可能导致验收结果的失实，进而影响工程的安全性和稳定性。

（二）对策建议

1.完善验收标准体系

为了保证水利工程的质量，我国应当制定和完善水利工程质量验收标准，使验收工作有据可依。这些标准应当包括水利工程的各种质量要求，如工程的稳定性、耐久性、安全性等。同时，这些标准也应当考虑到工程的实际情况，如地质条件、气候环境等，以保证工程的质量。建立水利工程质量验收的标准化体系，包括验收的流程、方法、标准等，使验收工作规范化、标准化。这样，不仅可以提高验收工作的效率，而且可以保证水利工程的质量。

2.规范验收程序和行为

在水利工程质量验收过程中，应当明确验收的主体和责任。具体来说，验收主体应当是具有相应资质的验收机构，而验收责任则应当由验收机构和工程的建设单位共同承担，这样可以保证验收工作的公正性和客观性，避免不合格工程的出现。在水利工程质量验收过程中，应当加强对验收过程的监督和管理。具体来说，应当对验收过程进行全程监督，确保验收工作的公正性和客观性；同时，应当对验收结果进行管理，保证验收工作的有效性。这样，可以提高验收工作的质量，保证水利工程的质量。为了保证水利工程质量验收工作的质量，应当建立验收工作的激励和约束机制。具体来说，应当对验收工作表现优秀的单位和个人进行奖励，对验收工作不力的单位和个人进行惩罚。这样，既可以提高验收工作的积极性，又可以保证验收工作的质量。

3.明确验收责任主体

水利工程质量验收是保证工程质量的重要环节，明确验收责任主体对于确保验收质量和效果具有重要意义。首先，应明确水利工程验收的主体是建设单位，建设单位应对工程质量验收结果负责。同时，监理单位也应承担质量验收的监督责任，对验收过程进行监督和检查，确保验收结果的真实性和可靠性。此外，设计、施工、勘察、监测等各方都应承担相应的验收责任，共同保证工程质量。

4.提高验收信息透明度

水利工程质量验收信息透明度的提高，有助于增强社会监督，促进工程质量的提升，保证水利工程质量验收的公正、公平和公开。首先，建设单位应按照相关要求，及时公开工程质量验收信息，接受社会监督。其次，政府部门应加强对水利工程质量验收的监管，建立信息共享平台，实现验收信息的互联互通，方便公众查询和监督。此外，应鼓励第三方机构对水利工程质量进行评估和监测，为公众提供更多的验收信息参考。

第八节　质量控制的持续改进

一、质量信息反馈系统

质量信息反馈系统是水利工程质量控制持续改进的重要组成部分。通过对施工过程中的各种质量信息进行收集、处理、分析和反馈，能够为项目管理人员提供及时、准确、全面的信息支持，从而达到不断优化质量管理过程的目的。

（一）质量信息收集

质量信息收集是质量信息反馈系统的首要环节。在水利工程建设过程中，应建立完善的质量信息收集制度，明确质量信息收集的范围、内容、方法和责任主体。质量信息的收集应涉及项目的设计、施工、监理等各个环节，包括施工过程中的各类质量检测数据、工程实体质量状况、材料设备质量情况等。

（二）质量信息处理

质量信息处理是对收集到的质量信息进行整理、分析、归类和储存的过程。通过对质量信息的处理，可以及时发现质量问题，为质量控制决策提供依据。质量信息处理主要包括以下几个方面：

（1）对收集到的质量信息进行分类，如将质量问题按照类型、等级、部位等进行归类。

（2）对质量信息进行数据分析，如分析质量问题的发生频率、原因、趋势等。

（3）将处理后的质量信息录入信息系统，方便进行查询、统计和分析。

（三）质量信息反馈

质量信息反馈是将处理后的质量信息传递给项目管理人员的过程。通过质量信息反馈，能够使项目管理人员及时了解工程质量状况，采取针对性的措施，保证工程质量目标的实现。质量信息反馈主要包括以下几个方面：

（1）定期向项目管理人员提供质量信息报告，如每月或每季度提交质量问题统计报告。

（2）在发生重大质量问题时，及时向项目管理人员汇报，并提供详细的事故调查报告。

（3）针对质量问题，提出改进措施和建议，协助项目管理人员进行质量改进。

（四）质量信息持续改进

质量信息持续改进是指通过对质量信息的收集、处理、反馈，不断优化质量管理过程，提高工程质量水平。质量信息持续改进主要包括以下几个方面：

（1）分析质量问题产生的原因，制定相应的预防措施，防止类似问题再次发生。

（2）总结质量管理经验教训，不断优化质量管理流程，提高质量管理效率。

（3）利用现代信息技术手段，提高质量信息的处理和反馈速度，为质量改进提供及时支持。

总之，质量信息反馈系统在水利工程质量控制持续改进中起着重要作用。建立完善的质量信息反馈系统，有助于及时发现和解决质量问题，保证工程质量目标的实现。

二、质量持续改进的步骤和方法

（一）质量持续改进的步骤

1.确立目标

首先需要明确质量持续改进的目标。这包括短期目标和长期目标，以及具体的项目质量目标。明确目标有助于为质量改进提供方向，并确保所有相关工作都围绕这些目标展开。

2.收集数据

在质量持续改进过程中，数据的收集和分析至关重要。这些数据可以来自各种渠道，如工程项目的监测数据、检查报告、客户反馈等。通过对这些数据进行深入分析，可以找出存在的问题和潜在的改进空间。

3.分析原因

在收集到足够的数据后，需要对数据进行分析，找出导致质量问题的根本原因。这一步骤可能需要借助一些方法和工具，如鱼骨图、根本原因分析等。只有找到根本原因，才能有针对性地制定改进措施。

4.制定措施

根据分析结果，制定相应的质量改进措施。这些措施应当具有可行性、有效性和可操作性，以确保能够顺利实施。同时，还需要明确措施的实施主体、时间节点和预期效果。

5.实施改进

质量改进措施制定好之后，便是将制定的改进措施付诸实践。在实施过程中，需要密切关注措施的执行情况，确保按照计划推进。此外，还需要对改进效果进行实时评估，以便及时调整措施或优化方案。

6.持续监控

质量持续改进是一个循环往复的过程，需要在实施改进后进行持续监控，以确保改进措施的长期有效性。这包括定期对工程质量进行检查、评估和改进，以及对相关流程和标准的不断优化。

7.总结经验

在质量持续改进过程中，及时总结经验和教训至关重要。这可以帮助我们发现新的改进机会，并为未来的质量控制工作提供宝贵经验。

总之，水利工程质量控制的持续改进需要按照一定的步骤进行，包括确立目标、收集数据、分析原因、制定措施、实施改进、持续监控和总结经验。只有这样，才能确保工程质量的不断提高，为水利工程项目的顺利实施和长期运行提供有力保障。

（二）质量持续改进的方法

1.定期进行质量评估和审查

定期进行质量评估和审查是质量持续改进的基础。通过对水利工程项目的质量进行定期评估和审查，可以及时发现问题、分析原因、制定对策，从而实现质量的持续改进。

2.采用卓越绩效管理模式

卓越绩效管理模式是一种以结果为导向的质量管理模式，可以帮助水利工程企业实现质量的持续改进。通过设定明确的目标和指标，制订具体的实施计划，持续监测和改进绩效，可以提高水利工程的质量水平。

3.推广应用新技术和新材料

新技术和新材料的应用是推动水利工程质量持续改进的重要因素。水利工程企业应不断关注并引进新技术和新材料，通过技术创新，提高工程质量，降低工程成本，实现可持续发展。

4.加强质量管理培训和交流

质量管理培训和交流是提高水利工程质量持续改进的关键。通过质量管理培训和交流，可以提高员工的质量意识，增强质量管理能力，分享质量管理经验，从而推动水利工程质量的持续改进。

5.建立质量奖惩制度

建立质量奖惩制度是激励水利工程企业实现质量持续改进的有效手段。例如，通过设立质量奖励基金，对优秀部门和个人进行表彰和奖励，对质量问题严重的部门和个人进行处罚和问责，可以激发员工的积极性，推动质量的持续改进。

第二章　水利工程施工安全管理

第一节　安全管理概述

一、安全管理的定义

安全管理是指对企事业单位、政府部门以及其他组织机构内部的安全工作进行规划、组织、实施、监督和评价的过程。它旨在通过科学的方法和手段，提高安全管理水平，降低安全事故发生的风险，保障人民生命财产安全，促进社会和谐稳定。安全管理主要包括以下几个方面：

（1）安全政策与目标：明确安全管理的目标和政策，制定相应的安全规章制度，为安全管理提供政策支持。

（2）安全组织与人员：设立专门的安全管理机构，负责安全管理的日常工作。同时，加强安全培训，提高员工安全意识，确保每个人都具备相应的安全知识和技能。

（3）安全风险评估：通过识别和分析组织内部和外部的各种安全风险，评估安全事故发生的可能性及其后果，为制定针对性的安全管理措施提供依据。

（4）安全措施的制定及实施：根据安全风险评估结果，制定具体的安全措施，包括技术措施、管理措施和应急措施等，确保措施的有效实施。

（5）安全检查与评价：定期对安全管理工作进行检查，发现安全隐患及时整改，对安全管理效果进行评价，不断提高安全管理水平。

（6）安全事故处理与改进：在发生安全事故后，组织调查分析，总结经验教训，制定改进措施，防止类似事故再次发生。

二、安全管理与安全工程的区别与联系

（一）定义上的差异

安全管理是指对企业或组织中的生产、经营、科研等活动进行安全方面的组织、协调、监督和检查，以防止生产安全事故发生、降低生产安全风险的过程。安全管理主要关注的是安全工作的组织、计划、实施、检查和改进。

安全工程则是指在工程项目施工过程中，针对工程特点和风险因素，采取相应的安全技术措施、安全管理措施和应急救援措施，保证工程施工安全顺利进行的一种工程技术活动。安全工程主要关注的是工程技术手段在安全管理中的应用，以及如何降低工程项目的风险。

（二）侧重点不同

安全管理主要关注的是整个企业的安全管理工作，包括制定安全管理制度、安全培训、安全检查、安全事故处理等方面。安全管理更注重安全理念的传播、安全文化建设以及全员参与。

安全工程则更注重具体工程项目的安全技术措施和实施，例如施工现场的安全防护、危险源的识别与控制、安全专项施工方案的编制等。安全工程更注重现场安全管理和技术操作层面。

（三）工作方法不同

安全管理主要采用行政、管理、经济、法律等手段进行安全工作的组织和推进，强调过程管理、风险预防和持续改进。安全管理方法多样，既有"硬"

的规章制度，也有"软"的文化建设。

安全工程则主要依靠工程技术手段，如安全评价、风险分析、事故模拟等，对工程项目的安全风险进行量化分析，以便制定针对性的安全措施。安全工程更注重技术性和实用性。

（四）目标的一致性

尽管安全管理与安全工程在定义、侧重点和工作方法上有所区别，但它们的目标是一致的，即确保企业或工程项目的安全顺利进行，降低安全事故发生的概率。二者相互补充，共同为企业或工程项目的安全保驾护航。

三、安全管理的对象和范围

安全管理作为一门科学，旨在通过各种手段和方法，对可能导致生产安全事故的危险因素进行有效控制，以保障人民群众的生命财产安全和社会稳定。为了实现这一目标，我们需要明确安全管理的对象和范围。

（一）安全管理的对象

安全管理的对象主要包括人、物和环境三个方面。

（1）人：人是生产活动的主体，也是安全管理的核心对象。安全管理需要关注员工的安全意识、安全技能和安全行为，对员工进行安全教育和培训，提高员工的安全素质，防止因人的不安全行为导致事故发生。

（2）物：物是生产活动中涉及的设备、工具、物料等实体。安全管理需要对这些物品进行安全检查和监控，确保它们的质量和性能符合安全要求，防止因物的不安全状态导致事故发生。

（3）环境：环境是指生产活动所处的自然环境和社会环境。安全管理需要关注环境因素对生产安全的影响，采取相应的环境保护措施，防止因环境的不安全因素导致事故发生。

（二）安全管理的范围

安全管理涵盖了生产活动的全过程，包括生产准备、生产过程和生产结束等阶段。

（1）生产准备：安全技术措施的制定、安全培训教育、安全检查和设备设施的检查等。

（2）生产过程：生产作业的安全指导、安全巡查、安全事故的处理等。

（3）生产结束：安全事故的调查、分析、处理和事故的统计、报告等。

总之，安全管理的对象和范围是相互关联的，只有全面把握安全管理的对象和范围，才能更好地开展安全管理工作，确保生产活动的安全顺利进行。

四、安全管理的原则

（一）安全第一原则

安全第一原则是安全管理的基础和核心，它要求在生产、工作和生活中，把安全放在首位，放在最重要的位置。这一原则体现了对人的生命和身体健康的高度尊重，是坚持以人为本发展观的体现。在实际工作中，要坚持安全第一原则，就必须做到以下几点：

1.树立安全观念

要坚决克服忽视安全的错误观念，牢固树立安全第一的理念，使安全观念成为全体员工的行为准则和价值取向。

2.健全安全管理制度

要制定和完善一系列安全管理制度，确保安全工作有法可依，有章可循。

3.加强安全培训

要加强对员工的安全培训和教育，提高员工的安全意识和安全技能，使他们能够在生产、工作和生活中自觉遵守安全规定，预防安全事故发生。

4.严格执行安全规定

要坚决执行国家和地方的安全法规，把安全规定落实到生产、工作和生活的每一个环节，确保安全措施得到有效执行。

（二）预防为主原则

预防为主原则是指在安全管理中，要从源头上消除安全隐患，防止事故的发生。这一原则体现了预防为主、预防与治理相结合的安全管理原则。在实际工作中，要坚持预防为主原则，就必须做到以下几点：

1.做好安全预评价

在进行工程项目、生产设备、生产工艺等方面的设计和改造时，要进行充分的安全预评价，预测可能出现的安全隐患，采取相应的预防措施。

2.建立预防机制

要建立和完善预防机制，对生产、工作和生活中的安全隐患进行定期排查，发现问题及时整改，把安全事故消灭在萌芽状态。

3.强化安全意识

要加强安全意识的培养，使全体员工都认识到预防事故的重要性，树立起"预防为主"的安全观念。

4.制定应急预案

要制定和完善应急预案，对可能发生的安全事故进行充分的应急准备，确保在安全事故发生时能够迅速、有效地进行应急处置，减少安全事故的损失。

（三）综合治理原则

综合治理原则是指在企业安全管理中，需要从多个方面、多个层次进行综合治理，从而达到整体安全的目标。综合治理原则包括以下几个方面：

1.管理层重视

安全管理需要得到高层管理者的重视和支持，确保安全管理资源的投入，制定明确的安全目标和政策措施，建立完善的安全管理体系。

2.全员参与

安全管理需要全体员工的共同参与，每个人都应具备一定的安全意识和安全技能，了解自己的安全职责，积极参与安全管理活动。

3.部门协作

各部门需要密切协作，共同维护企业的安全。例如，生产部门在生产过程中应注意安全操作，设备部门应确保设备的安全运行，人力资源部门在招聘和培训过程中应注重安全素质的培养等。

4.预防为主

安全管理应坚持预防为主的原则，通过采取预防措施，消除事故隐患，降低事故发生的概率。

5.持续改进

安全管理应形成持续改进的机制，定期评估安全管理效果，发现问题及时整改，不断优化安全管理体系。

（四）安全教育和培训原则

安全教育和培训原则是指通过安全教育和培训活动，提高员工的安全意识和安全技能，从而降低事故发生的概率。安全教育和培训原则包括以下几个方面：

1.安全教育和培训内容

安全教育和培训内容应涵盖法律法规、安全操作规程、安全技术知识、安全意识和安全文化等方面，使员工全面了解企业安全要求。

2.安全教育和培训方式

安全教育和培训应采用多种方式进行，如面对面培训、在线学习、实际操作演练等，使员工从不同角度掌握安全知识和技能。

3.安全教育和培训对象

安全教育和培训应针对不同层次、不同岗位的员工制订相应的培训计划，确保所有员工都能得到适当的培训。

4.安全教育和培训师资

安全教育和培训应选拔具备丰富安全知识和实践经验的培训师进行授课，以保证培训质量。

5.安全教育和培训效果评估

企业应定期对安全教育和培训效果进行评估，通过测试、问卷调查等方式了解员工对安全知识的掌握程度，及时调整培训计划和内容。

（五）安全投入与经济性原则

安全投入与经济性原则要求企业在保证安全的前提下，尽可能地降低成本、提高效益。企业在进行安全投入时，应充分考虑其经济性，避免浪费。

企业在制订安全投入计划时，需要进行详细的成本分析。对于那些能够显著提高安全水平、降低事故风险的安全投入，企业应当优先考虑。此外，企业还应关注安全投入的长期效益，而不能只关注短期成本的降低。只有在确保安全的前提下，企业的经济效益才能得到真正的提升。

同时，企业应充分利用国家政策、行业标准等资源，合规合理地进行安全投入。对于一些政府鼓励的安全技术、设备，企业可以积极申请补贴、优惠贷款等政策支持，这样既能提高企业的安全水平，又能降低安全投入的成本，实现安全与经济效益的双赢。

（六）持续改进原则

持续改进原则是安全管理的核心原则之一，它要求企业不断优化安全管理体系，提高安全管理水平。这一原则强调企业应树立长期、全面的观念，将安全管理作为一项长期、系统的工程来对待。

为了实现持续改进，企业需要建立一个有效的安全管理体系。这个体系应包括安全组织结构、安全规章制度、安全培训教育、安全检查与评估等多个环节。企业应根据实际情况，不断完善和优化这些环节，确保安全管理体系的高效运行。

此外，企业还应注重安全信息的收集和分析。通过对事故案例、安全隐患、安全措施等方面的信息进行收集和分析，企业可以发现安全管理中的不足，从而有针对性地进行改进。同时，企业还应借助外部资源，如行业协会、专业安全机构等，获取先进的安全管理经验和技术，提升自身的安全管理水平。

总之，持续改进原则要求企业在安全管理中始终保持警惕，不断追求卓越。只有这样，企业才能降低事故风险，保障员工的生命财产安全，实现企业的可持续发展。

第二节　水利工程施工安全管理内容

施工安全管理是施工企业全体职工及各部门同心协力，把专业技术、生产管理、数理统计和安全教育结合起来，为达到安全生产目的而采取各种措施的管理。

一、施工安全管理的基本要求

　　水利工程施工安全管理涉及用电、防火、爆破、人员安全、警示性标志及作业场所卫生等方面的要求。针对工程特点、施工方法及机械设备等情况，应编制具体的安全技术措施和安全操作规程，在施工前进行技术交底。

（一）施工人员安全要求

　　施工管理及工程专业技术人员应熟悉水利工程施工的安全技术工作规程的各项规定，不同工种的施工者必须熟悉本工种的安全操作规程。现场施工人员必须按规定穿戴好防护用品和必要的安全防护用具，严禁穿拖鞋、高跟鞋或赤脚工作，严禁在洞口或山坡下等不安全地区停留和休息。

　　患有高血压、心脏病、贫血、精神病及其他不适于高处作业病症的人员，不得从事高处作业。在坝顶、陡坡、屋顶、悬崖、杆塔、吊桥、脚手架及其他危险边沿进行悬空高处作业时，临空一面必须搭设安全网或防护栏杆。工作人员必须拴好安全带，戴好安全帽。

　　在带电体附近进行高处作业时，须满足与带电体的最小安全距离；如遇特殊情况，则必须采取可靠的措施确保作业安全。

（二）施工设施（设备）管理要求

　　施工现场存放的材料、设备，应做到场地安全可靠、存放整齐，必要时设专人看护；各种施工设施、管道线路等，应符合防火、防爆、防洪、防风、防坍塌及工业卫生等要求。施工现场电气设备和线路应配置触电防护器，以防止因潮湿漏电和绝缘损坏引起触电及设备事故。

　　挖掘机工作时，任何人不得进入挖掘机的作业半径内。搬运器材和使用工具时，须注意自身安全和四周人员的安全。起重机使用前须试车，检查挂钩、钢丝绳等；使用时禁止任何人员在吊运物品上面或下面停留、行走；物件悬空时，驾驶人员不得离开操作岗位。

此外，对施工现场排水设施应进行规划，保证排水通畅且不妨碍正常交通。

（三）施工防火安全管理要求

工程施工中，施工现场的用火作业区与所建的建筑物或其他区域的距离应不小于 25 m，与生活区的距离不小于 15 m。修建仓库和选择易燃、可燃材料堆集场时，应确保其与已修建的建筑物或其他区域的距离大于 20 m。易燃废品堆集产生意外事故的可能性较大，因此易燃废品集中站与所建的建筑物或其他区域的距离应大于 30 m。

防火间距中，不应堆放易燃和可燃物质。如在仓库，易燃、可燃材料堆集场与建筑物之间堆放易燃和可燃物质，应确保建筑物距易燃和可燃物质最近的距离大于防火安全距离。汽油库必须选在安全地点，周围设置围墙，设置"严禁烟火"警示牌，库顶设避雷装置。

（四）施工用电安全要求

施工照明及线路应符合安全技术规程要求。施工现场一般不允许架设高压电线；必须架设时，应与建筑物、工作地点保持安全距离。

施工现场及作业地点应有足够的照明，主要通道应设有路灯。大规模露天施工现场宜采用大功率、高效能灯具。在高温、潮湿、易于导电触电的作业场所使用照明灯具距地面高度低于 2.2 m 时，其照明电源电压不得大于 24 V。

在存有易燃、易爆等危险物品的场所，或有瓦斯和粉尘的巷道，微小火星都有可能引起火灾、爆炸等危害，照明设备必须采取防爆措施。

（五）警示性标志的要求

水利工程施工现场较为复杂，应对工程现场的危险处或地带进行防护与标示。在施工现场的洞（孔）、井坑、升降口、漏斗等危险处，应有防护设施或明显标志，以防人员和机械设备特别是在夜间掉入。在交叉路口，应设置交通指挥亭，并设专人指挥。在有塌方等危险的地段，应悬挂"危险"或"禁止通行"的夜光标志牌。

一些大的水利工程，一般由多个施工单位承担施工，应在规定时间进行爆破，并统一各工区的警戒信号及警戒标志，统一划定安全警戒区与警戒点，实行分片负责，明确各警戒点的负责单位与警戒人员。

二、施工安全管理的基本内容

（一）建立安全生产制度

安全生产责任制，是根据"管生产必须管安全""安全工作，人人有责"的原则，以制度的形式，明确规定各级领导和各类人员在生产活动中应负的安全职责。它是施工企业岗位责任制的一个重要组成部分，是企业安全管理中最基本的制度，是所有安全规章制度的核心。

安全生产制度的制定，必须符合国家和地区的有关政策、法规、条例和规程，并结合施工项目的特点，明确各级各类人员安全生产责任制度，要求全体人员必须认真贯彻执行。

（二）贯彻安全技术管理

编制施工组织设计时，必须结合工程实际，编制切实可行的安全技术措施，要求全体人员必须认真贯彻执行。执行过程中若发现问题，应及时采取妥善的安全防护措施。要不断积累安全技术措施在执行过程中的技术资料，进行研究分析，总结提高，以利于以后工程的借鉴。

（三）坚持安全教育和安全技术培训

组织全体人员认真学习国家、地方和本企业的安全生产责任制、安全技术规程、安全操作规程和劳动保护条例等。新工人进入岗位之前要进行安全纪律教育，特种专业作业人员要进行专业安全技术培训，考核合格后方能上岗。要使全体职工经常保持高度的安全生产意识，牢固树立"安全第一"的思想。

（四）组织安全检查

为了确保安全生产，必须严格安全督察，建立健全安全督察制度。安全检查员要经常查看现场，及时排除施工中的不安全因素，纠正违章作业，监督安全技术措施的执行，不断改善劳动条件，防止工伤事故的发生。

（五）进行事故处理

人身伤亡和各种安全事故发生后，应立即进行调查，了解事故产生的原因、过程和后果，提出鉴定意见。在总结经验教训的基础上，有针对性地制定防止事故再次发生的可靠措施。

三、安全生产责任制

安全生产责任制是指企业对项目经理部各级领导、各个部门、各类人员所规定的在他们各自职责范围内对安全生产应负责任的制度。

（一）项目经理部安全生产责任

（1）项目经理部是安全生产工作的载体，具体组织和实施项目安全生产、文明施工、环境保护工作，对本项目工程的安全生产负全面责任。

（2）贯彻落实各项安全生产的法律、法规、规章、制度，组织实施各项安全管理工作，完成各项考核指标。

（3）建立并完善项目部安全生产责任制和安全考核评价体系，积极开展各项安全活动，监督、控制分包队伍执行安全规定，履行安全职责。

（4）发生伤亡事故及时上报，并保护好事故现场，积极抢救伤员，认真配合事故调查组开展伤亡事故的调查和分析，按照"四不放过"原则，落实整改防范措施，对责任人员进行处理。

（二）项目部各级人员安全生产责任

1.工程项目经理

（1）工程项目经理是项目工程安全生产的第一责任人，对项目工程经营生产全过程中的安全负全面领导责任。

（2）工程项目经理必须经过专门的安全培训考核，取得项目管理人员安全生产资格证书，方可上岗。

（3）贯彻落实各项安全生产规章制度，结合工程项目特点及施工性质，制定有针对性的安全生产管理办法和实施细则，并落实。

（4）在组织项目施工、聘用业务人员时，要根据工程特点、施工人数、施工专业等情况，按规定配备一定数量的专职安全员，确定安全管理体系；明确各级人员和分承包方的安全责任和考核指标，并制定考核办法。

（5）健全和完善用工管理手续，录用外协施工队伍必须及时向人事劳务部门、安全部门申报，必须事先审核注册、持证等情况，对工人进行三级安全教育后，方准入场上岗。

（6）负责施工组织设计、施工方案、安全技术措施的组织落实工作，组织并督促工程项目安全技术交底制度、设施设备验收制度的实施。

（7）领导、组织施工现场每旬一次的定期安全生产检查，发现施工中的不安全问题，组织制定整改措施并及时解决；对上级提出的安全生产与管理方面的问题，要在限期内定时、定人、定措施予以解决；接到政府部门安全监察指令书和重大安全隐患通知单，应立即停止施工，组织力量进行整改。隐患消除后，必须报请上级部门验收合格，才能恢复施工。

（8）在工程项目施工中，采用新设备、新技术、新工艺、新材料，必须编制科学的施工方案，配备安全可靠的劳动保护装置和劳动防护用品，否则不准施工。

（9）发生因工伤亡事故时，必须做好事故现场保护与伤员的抢救工作，按规定及时上报，不得隐瞒、虚报和故意拖延不报。积极组织配合事故的调查，认真制定并落实防范措施，吸取事故教训，防止发生重复事故。

2.工程项目生产副经理

（1）对工程项目的安全生产负直接领导责任，协助工程项目经理认真贯彻执行国家安全生产方针、政策、法规，落实各项安全生产规范、标准和工程项目的各项安全生产管理制度。

（2）组织实施工程项目总体和施工各阶段安全生产工作规划，以及各项安全技术措施、方案的组织实施工作，组织落实工程项目各级人员的安全生产责任制。

（3）组织领导工程项目安全生产的宣传教育工作，并制定工程项目安全培训实施办法，确定安全生产考核指标，制定实施措施和方案，并负责组织实施，负责外协施工队伍各类人员的安全教育、培训和考核审查的组织领导工作。

（4）配合工程项目经理组织定期安全生产检查，负责工程项目各种形式的安全生产检查的组织、督促工作和安全生产隐患整改"三落实"的实施工作，及时解决施工中的安全生产问题。

（5）负责工程项目安全生产管理机构的领导工作，认真听取、采纳安全生产的合理建议，支持安全生产管理人员的业务工作，保证工程项目安全生产体系的正常运转。

（6）在工地发生伤亡事故时，负责事故现场保护、职工教育、防范措施落实，并协助做好事故调查分析的具体组织工作。

3.项目安全总监

（1）在现场经理的直接领导下履行项目安全生产工作的监督管理职责。

（2）宣传贯彻安全生产方针政策、规章制度，推动项目安全组织以保证体系的运行。

（3）督促实施施工组织设计、安全技术措施，实现安全管理目标，对项目各项安全生产管理制度的贯彻与落实情况进行检查与具体指导。

（4）组织分承包商安全专、兼职人员开展安全监督与检查工作。

（5）查处违章指挥、违章操作、违反劳动纪律的行为和人员，对重大事故隐患采取有效的控制措施，必要时可采取局部直至全部停产的非常措施。

（6）督促开展周一安全活动和项目安全讲评活动。

（7）负责办理与发放各级管理人员的安全资格证书和操作人员安全上岗证。

（8）参与事故的调查与处理。

4.工程项目技术负责人

（1）对工程项目生产经营中的安全生产负技术责任。

（2）贯彻落实国家安全生产方针、政策，严格执行安全技术规程、规范、标准；结合工程特点，进行项目整体安全技术交底。

（3）参加或组织编制施工组织设计，在编制、审查施工方案时，必须制定、审查安全技术措施，保证其可行性和针对性，并认真监督实施情况，发现问题及时解决。

（4）主持制订技术措施计划和季节性施工方案的同时，必须制定相应的安全技术措施并监督执行，及时解决执行中出现的问题。

（5）应用新材料、新技术、新工艺，要及时上报，经批准后方可实施，同时必须组织对上岗人员进行安全技术的培训、教育；认真执行相应的安全技术措施与安全操作工艺要求，预防施工中因化学药品引起的火灾、中毒或在新工艺实施中可能造成的事故。

（6）主持安全防护设施和设备的验收。严格控制不符合标准要求的防护设备、设施投入使用；对使用中的设施、设备，要组织定期检查，发现问题及时处理。

（7）参加安全生产定期检查，对施工中存在的事故隐患和不安全因素，从技术上提出整改意见和消除办法。

（8）参加或配合工伤及重大未遂事故的调查，从技术上分析事故发生的原因，提出防范措施和整改意见。

5.工长、施工员

（1）工长、施工员是所管辖区域范围内安全生产的第一责任人，对所管辖范围内的安全生产负直接领导责任。

（2）认真贯彻落实上级有关规定，监督执行安全技术措施及安全操作规程，针对生产任务特点，向班组（外协施工队伍）进行书面安全技术交底，履行签字手续，并经常检查规程、措施、交底要求的执行情况，随时纠正违章作业。

（3）负责组织落实所管辖施工队伍的三级安全教育、常规安全教育、季节转换及针对施工各阶段特点等进行的各种形式的安全教育，负责组织落实所管辖施工队伍特种作业人员的安全培训工作和持证上岗的管理工作。

（4）经常检查所管辖区域的作业环境、设备和安全防护设施的安全状况，发现问题及时纠正、解决。对重点特殊部位施工，必须检查作业人员及各种设备和安全防护设施的技术状况是否符合安全标准要求，认真做好书面安全技术交底，落实安全技术措施，并监督其执行，做到不违章指挥。

（5）负责组织落实所管辖班组（外协施工队伍）开展各项安全活动，学习安全操作规程，接受安全管理机构或人员的安全监督检查，及时解决其提出的问题。

（6）对工程项目中应用的新材料、新工艺、新技术严格执行申报、审批制度，发现不安全问题，及时停止施工，并上报领导或有关部门。

（7）发生因工伤亡及未遂事故必须停止施工，保护现场，立即上报，对重大事故隐患和重大未遂事故，必须查明事故发生原因，落实整改措施，经上级有关部门验收合格后方可恢复施工，不得擅自撤除现场保护设施，强行复工。

6.外协施工队负责人

（1）外协施工队负责人是本队安全生产的第一责任人，对本单位安全生产负全面领导责任。

（2）认真执行安全生产的各项法律法规、规章制度及安全操作规程，合理安排组织施工班组人员上岗作业，对本队人员在施工生产中的安全和健康负责。

（3）严格履行各项劳务用工手续，做到证件齐全，特种作业持证上岗。做好本队人员的岗位安全培训、教育工作，经常组织学习安全操作规程，监督本队人员遵守劳动、安全纪律，做到不违章指挥，制止违章作业。

（4）必须保持本队人员的相对稳定，人员变更须事先向用工单位有关部门报批，新进场人员必须按规定办理各种手续，并经入场和上岗安全教育后，方准上岗。

（5）组织本队人员开展各项安全生产活动，根据上级的交底向本队各施工班组进行详细的书面安全交底，针对当天施工任务、作业环境等情况，做好班前安全讲话，施工中发现安全问题应及时解决。

（6）定期和不定期组织检查本队施工的作业现场安全生产状况，发现不安全因素后及时整改，发现重大事故隐患应立即停止施工，并上报有关领导，严禁冒险蛮干。

（7）在发生因工伤亡或重大未遂事故时，组织保护好事故现场，做好伤者抢救工作和防范措施，并立即上报，不准隐瞒、拖延不报。

7.班组长

（1）班组长是本班组安全生产的第一责任人，应认真执行安全生产规章制度及安全技术操作规程，合理安排班组人员的工作，对本班组人员在施工生产中的安全和健康负直接责任。

（2）经常组织班组人员开展各项安全生产活动和学习安全技术操作规程，监督班组人员正确使用个人劳动防护用品和安全设施、设备，不断提高安全自保能力。

（3）认真落实安全技术交底要求，做好班前交底，严格执行安全防护标准，不违章指挥，不冒险蛮干。

（4）经常检查班组作业现场的安全生产状况和工人的安全意识、安全行为，发现问题及时解决，并上报有关领导。

（5）发生因工伤亡及未遂事故，保护好事故现场，并立即上报有关领导。

8.工人

（1）工人是本岗位安全生产的第一责任人，在本岗位作业中对自己、对环境、对他人的安全负责。

（2）认真学习，严格执行安全操作规程，遵守安全生产规章制度。

（3）积极参加各项安全生产活动，认真执行安全技术交底要求，不违章作业，不违反劳动纪律，虚心服从安全生产管理人员的监督、指导。

（4）发扬团结友爱精神，在安全生产方面做到互相帮助、互相监督，维护一切安全设施、设备，做到正确使用，不准随意拆改，对新工人有传、帮、带的责任。

（5）对不安全的作业要求要提出意见，有权拒绝违章指令。

（6）发生因工伤亡事故，要保护好事故现场并立即上报。

（7）在作业时要严格做到"眼观六面，安全定位；措施得当，安全操作"。

四、安全生产教育

安全是生产赖以正常进行的前提，安全教育又是安全管理工作的重要环节，是提高全员安全素质、安全管理水平和防止事故，从而实现安全生产的重要手段。安全生产教育主要包括安全生产思想、安全知识、安全技能和法制教育四个方面的内容。

（一）安全生产教育的培训对象

水利工程项目安全生产教育的培训对象包括以下五类人员：

（1）工程项目经理、项目执行经理、项目技术负责人。工程项目主要管理人员必须经过当地政府或上级主管部门组织的安全生产专项培训，培训时间不得少于 24 h，经考核合格后，持"安全生产资质证书"上岗。

（2）工程项目基层管理人员。工程项目基层管理人员每年必须接受公司安全生产年审，经考试合格后持证上岗。

（3）分包负责人、分包队伍管理人员。分包负责人、分包队伍管理人员必须接受政府主管部门或总包单位的安全培训，经考试合格后持证上岗。

（4）特种作业人员。特种作业人员必须经过专门的安全理论培训和安全技术实际训练，经理论和实际操作的双项考核，合格者持"特种作业操作证"上岗作业。

（5）操作工人。新入场工人必须经过三级安全教育，考试合格后持"上岗证"上岗作业。

（二）安全生产教育的形式

安全生产教育的形式有以下几种：

（1）新工人"三级安全教育"。三级安全教育是企业必须坚持的安全生产基本教育制度。对新工人（包括新招收的合同工、临时工、学徒工、农民工及实习和代培人员）必须进行公司、项目、作业班组三级安全教育，时间不得少于 40 h。三级安全教育由安全、教育和劳资等部门配合组织进行。经教育考试合格者才准许进入生产岗位，不合格者必须补课、补考。对新工人的三级安全教育情况，要建立档案（印制职工安全生产教育卡）。新工人工作一个阶段后还应进行重复性的安全再教育，加深安全感性、理性知识的意识。

（2）转场安全教育。新转入施工现场的工人必须进行转场安全教育，教育时间不得少于 8 h。

（3）变换工种安全教育。凡改变工种或调换工作岗位的工人必须进行变换工种安全教育，变换工种安全教育时间不得少于 4 h，教育考核合格后方准上岗。

（4）特种作业安全教育。从事特种作业的人员必须经过专门的安全技术培训，经考试合格取得操作证后方准独立作业。

（5）班前安全活动交底（班前安全讲话）。班前安全讲话是施工队伍经常性安全教育活动之一，各作业班组长于每班工作开始前（包括夜间工作前）必须对本班组全体人员进行不少于 15 min 的班前安全活动交底。班组长要将安全活动交底内容记录在专用的记录本上，各成员在记录本上签名。

（6）周一安全活动。周一安全活动是施工项目经常性安全活动之一，每周一开始工作前应对全体在岗工人开展至少 1 h 的安全生产及法制教育活动。活动形式可采取看录像、听报告、分析事故案例、图片展览、急救示范、智力竞赛、热点辩论等。

（7）季节性施工安全教育。进入雨期及冬季施工前，在现场经理的部署下，由各区域责任工程师负责组织本区域内施工的分包队伍管理人员及操作工人进行专门的季节性施工安全技术教育，时间不少于 2 h。

（8）节假日安全教育。节假日前后应特别注意各级管理人员及操作者的思想动态，有意识、有目的地进行教育，稳定他们的思想情绪，预防安全事故发生。

五、安全技术交底

安全技术交底是指导工人安全施工的技术措施，是项目安全技术方案的具体落实。安全技术交底一般由技术管理人员根据分部分项工程的具体要求、特点和危险因素编写，是操作者的指令性文件，因而要具体、明确、针对性强，不得用施工现场的安全纪律、安全检查等制度代替，在进行工程技术交底的同时进行安全技术交底。

安全技术交底与工程技术交底一样，实行分级交底制度：

（1）大型或特大型工程由公司总工程师组织有关部门向项目经理部和分包商（含公司内部专业公司）进行交底。交底内容：工程概况、特征、施工难度、施工组织，采用的新工艺、新材料、新技术，施工程序与方法，关键部位应采取的安全技术方案或措施等。

（2）一般工程由项目经理部总工程师（主任）会同现场经理向项目有关施工人员（项目工程管理部、工程协调部、物资部、合约部、安全总监及区域责任工程师、专业责任工程师等）和分包商（含公司内部专业公司）行政和技术负责人进行交底，交底内容同前款。

（3）分包商（含公司内部专业公司）技术负责人要对其管辖的施工人员进行详尽的交底。

（4）项目专业责任工程师要对所管辖的分包商的工长进行分部工程施工安全措施交底，对分包工长向操作班组所进行的安全技术交底进行监督与检查。

（5）专业责任工程师要对劳务分承包方的班组进行分部分项工程安全技术交底并监督指导其安全操作。

（6）各级安全技术交底都应按规定程序实施书面交底签字制度，并存档以备查用。

第三节　水利工程施工现场
安全管理体系

一、水利工程施工现场安全管理体系概述

（一）水利工程施工现场安全管理体系的定义

水利工程施工现场安全管理体系是指为确保水利工程施工过程中的安全和质量，通过建立相应的组织结构、管理制度、工作程序、技术规范和应急预案等一系列措施，实现对施工现场安全控制和管理的系统。简而言之，它是一个涵盖所有安全管理方面的综合体系，旨在确保施工的安全和顺利进行。

（二）水利工程施工现场安全管理体系的构成要素

1.组织结构

组织结构包括施工现场的安全生产组织、安全管理部门、各施工队伍等。组织结构是安全管理体系的基础，负责对施工现场的安全进行统一领导和协调。

2.管理制度

管理制度包括安全生产责任制度、安全培训制度、安全检查制度、事故报告与处理制度等。这些制度是保证施工现场安全的关键，通过明确各级人员的安全责任和规范工作流程，降低事故发生的风险。

3.工作程序

工作程序包括施工前的安全准备工作、施工中的安全监控工作、施工后的安全验收工作等。工作程序是安全管理体系的重要组成部分，通过规范各项工作的操作流程，确保施工过程的安全无误。

4.技术规范

技术规范包括施工安全技术规范、安全操作规程等。技术规范是保证施工安全的关键，通过对施工过程中的技术要求进行详细规定，确保施工人员能够按照规范进行操作，减少安全事故的发生。

5.应急预案

应急预案包括事故应急预案、消防应急预案等。应急预案是应对突发安全事故的重要手段，通过对可能发生的事故进行预测，制定相应的应急措施，提高施工现场的应急处理能力。

（三）水利工程施工现场安全管理体系的重要性

水利工程施工现场安全管理体系是确保施工安全、预防事故发生的关键。在施工现场，各种安全隐患和风险无处不在，建立完善的安全管理体系可以降低安全事故的发生概率，保障施工人员的生命财产安全。

1.保障施工人员安全

水利工程施工现场安全管理体系通过对施工过程中的安全隐患进行排查、评估和整改，能够降低安全事故的发生概率，确保施工人员的生命安全。同时，安全管理体系的建立还可以为施工人员提供安全培训和指导，提高他们的安全意识和自我保护能力。

2.保证工程质量和进度

安全管理体系的建立有利于保证工程质量和进度。通过对施工过程中的安全隐患进行排查和整改，可以避免因安全事故导致的工程延期和质量问题，保证工程按计划顺利进行。

3.降低企业风险

水利工程施工现场安全管理体系的建立可以降低企业风险。安全事故的发生往往给企业带来严重的经济损失和信誉损害，甚至可能导致企业倒闭。通过建立完善的安全管理体系，可以降低安全事故的发生概率，从而降低企业承担的风险。

4.贯彻国家法律法规和政策

建立水利工程施工现场安全管理体系是贯彻国家法律法规和政策的具体体现。我国政府高度重视安全生产工作，并出台了一系列法律法规和政策，要求企业加强安全管理，确保施工现场的安全生产。通过建立安全管理体系，企业可以更好地遵守国家法律法规和政策，符合行业监管要求。

5.提升企业形象和竞争力

安全管理体系的建立可以提升企业形象和竞争力。在市场竞争日益激烈的今天，企业形象和品牌已经成为吸引客户和投资者的关键因素。一个重视安全生产、具有良好安全管理体系的企业，可以在市场上树立良好的形象，从而提高其市场竞争力。

二、水利工程施工现场安全管理的理论基础

（一）安全管理原理

安全管理原理是指在水利工程施工现场，通过遵循安全管理的基本原则，实现对施工现场安全的有效控制。安全管理原理主要包括以人为本、预防为主、综合治理等。

（二）安全管理技术

安全管理技术是指在水利工程施工现场，通过运用先进的安全技术，实现对施工现场安全的管理。安全管理技术主要包括安全监测技术、安全防护技术、应急救援技术等。

（三）安全管理方法

安全管理方法是指在水利工程施工现场，通过采用科学的安全管理手段，实现对施工现场安全的管理。安全管理方法主要包括安全培训、安全检查、事故处理等。

（四）安全管理系统

安全管理系统是指在水利工程施工现场，通过建立一套完整的安全管理体系，对施工现场的安全生产进行有效的管理和控制。安全管理系统主要包括安全组织、安全制度、安全培训、安全检查、事故处理等环节。

（五）安全目标管理

安全目标管理是指通过对水利工程施工现场安全目标的设定、分解和实施，实现对施工现场安全的有效控制。安全目标管理主要包括目标设定、目标分解、目标实施和目标考核等环节。

（六）安全评价

安全评价是指通过对水利工程施工现场的安全状况进行评估，识别安全隐患，制定相应的整改措施，实现对施工现场安全的有效控制。安全评价主要包括前期评价、过程评价和结果评价等环节。

三、水利工程施工现场安全管理体系构建

（一）安全管理体系构建的原则

1.坚持以人为本的原则

以人为本是安全管理体系的核心原则。人是安全管理体系的主体，也是安全管理体系服务的对象。在构建安全管理体系时，应充分考虑人的安全需求，以保障人的生命安全和身体健康为首要任务，同时注重提高人的安全素质，培养安全意识，落实安全责任。

2.坚持安全第一的原则

安全第一是施工现场安全管理的基本原则，也是构建安全管理体系的总原则。在施工现场，安全第一的原则体现在对安全的重视程度上，要将安全放在第一位，将安全与其他各项工作进行权衡，确保安全工作的优先地位。只有将安全第一的原则贯穿整个施工现场，才能确保施工现场的安全。

3.坚持预防为主的原则

预防为主是施工现场安全管理的有效方法，也是构建安全管理体系的基本原则。在构建安全管理体系时，应将预防措施作为重点，通过实施风险评估、安全检查、事故隐患排查等措施，实现事故的预防。同时，应加强安全培训和教育，提高员工的安全意识和技能，降低事故发生的概率。

4.坚持全面管理的原则

全面管理是施工现场安全管理的基本要求，也是构建安全管理体系的重要原则。在构建安全管理体系时，应实现安全管理的全员、全过程、全方位覆盖，确保安全管理体系的完整性。同时，应将安全管理与工程质量、进度、成本等各项工作相结合，实现安全与质量、进度、成本的有机统一。

5.坚持持续改进的原则

持续改进是施工现场安全管理的发展动力，也是构建安全管理体系的关键

原则。在构建安全管理体系时，应注重体系的持续改进，通过不断优化管理流程、完善管理措施、提高管理效率，实现安全管理体系的不断完善。同时，应建立激励机制，鼓励员工积极参与安全管理，实现安全管理体系的持续改进。

（二）安全管理体系构建的步骤

在构建水利工程施工现场安全管理体系时，需要按照一定的步骤。

1.明确安全管理目标

首先需要明确安全管理目标，包括降低安全事故发生的概率、减少事故发生后的损失、提高安全管理水平等。只有明确的目标，才能为后续的安全管理体系构建提供方向。

2.梳理安全管理相关法律法规

在进行水利工程施工现场安全管理体系的构建时，需要梳理相关的法律法规，包括国家法律法规、行业标准、企业内部规定等。通过对这些法律法规的梳理，可以明确安全管理的规定和要求，为后续的体系构建提供依据。

3.进行安全风险评估

在构建安全管理体系时，需要对水利工程施工现场进行安全风险评估，识别潜在的安全风险，分析风险的发生概率和可能后果，为后续的风险控制奠定基础。

4.制定安全管理制度

根据梳理的法律法规和风险评估结果，制定相应的安全管理制度，包括安全责任制度、安全培训制度、安全巡查制度、安全事故应急处理制度等。通过制定这些制度，可以规范施工行为，确保施工安全。

5.建立安全管理组织

在制定安全管理制度的基础上，需要建立相应的安全管理组织，包括安全管理部门、安全监理部门、项目经理部等。这些组织负责实施安全管理制度，进行安全管理工作。

6.落实安全培训和教育

为了提高施工人员的安全意识和安全操作技能，需要进行安全培训和教育。通过安全培训和教育，可以提高施工人员的安全意识，降低安全事故发生的概率。

7.进行安全检查和评估

在施工过程中，需要进行定期的安全检查和评估，及时发现和纠正安全隐患，确保施工安全。通过安全检查和评估，可以检验安全管理体系的运行效果，为体系的持续改进提供依据。

8.安全事故应急处理

在发生安全事故时，需要进行应急处理，包括事故的现场处理、伤员的救治、事故原因的调查和分析等。通过安全事故应急处理，可以减轻事故的后果，提高安全管理体系的应对能力。

总之，构建水利工程施工现场安全管理体系需要按照一定的步骤进行，包括明确安全管理目标、梳理安全管理相关法律法规、进行安全风险评估、制定安全管理制度、建立安全管理组织、落实安全培训和教育、进行安全检查和评估、安全事故应急处理等。通过这些步骤，可以构建一个完整的安全管理体系，提高水利工程施工现场的安全管理水平。

（三）安全管理体系构建的内容

1.安全管理规定

根据国家相关法律法规，结合水利工程施工现场的实际状况，制定安全管理规定。这些规定应涵盖施工现场的安全管理、安全培训、安全巡查等方面。

2.安全管理组织

成立专门的安全管理部门，负责施工现场的安全管理工作。该部门应由具有安全管理知识和经验的人员组成，定期对施工现场进行安全检查，并对存在的安全隐患提出整改措施。

3.安全培训

对施工现场的员工进行安全培训，使他们熟悉相关的安全规定和操作规程。培训应包括安全意识的培养、安全操作技能的培训以及应急预案的演练等内容。

4.安全巡查

定期对施工现场进行安全巡查，发现安全隐患及时进行整改。巡查内容包括施工现场的安全设施、消防设备、员工的安全操作等方面。

5.应急预案

制定针对各种可能发生的安全事故的应急预案，并定期进行演练。应急预案应涵盖事故的应急处理流程、应急资源的调配、人员的疏散和救援等内容。

6.安全管理体系的评估和改进

定期对安全管理体系的运行情况进行评估，找出存在的问题和不足，并根据评估结果进行改进。改进措施可以包括安全管理规定的修订、安全培训内容的更新、安全巡查的加强等。

四、水利工程施工现场安全管理体系要素分析

（一）安全操作规程与应急预案

1.安全操作规程

根据施工现场的实际情况，制定安全操作规程，确保员工在操作过程中遵循安全操作程序，降低安全事故的发生概率。安全操作规程应涵盖施工现场的危险源、操作步骤、安全要求、应急处理等方面。

2.应急预案

制定针对各类安全事故的应急预案，确保在发生安全事故时能够迅速、有效地进行处置，减少安全事故造成的损失。应急预案应涵盖安全事故的应急组

织、应急流程、应急措施、救援物资等方面。

（二）安全培训与教育

在水利工程施工现场安全管理中，安全培训与教育是提高员工安全意识、增加安全知识和技能的重要手段。根据相关法律法规和标准，施工单位应制订安全培训计划，对管理人员、作业人员和其他相关人员开展安全培训与教育。安全培训与教育应针对不同层次的人员进行不同内容、形式的培训。

1.管理人员的安全培训与教育

管理人员的安全培训与教育主要涉及安全管理体系、安全生产法律法规、标准规范、安全管理知识和技能等方面。通过培训，使管理人员具备较强的安全管理能力，能够有效组织和协调施工现场的安全管理工作。

2.作业人员的安全培训与教育

作业人员的安全培训与教育应注重实际操作技能和安全意识的培养。培训内容应包括岗位安全操作规程、安全防护用品的正确使用方法、紧急救援措施和事故案例分析等。通过培训，提高作业人员的安全操作技能和安全意识，降低事故发生的风险。

3.其他相关人员的培训与教育

其他相关人员，如监理、设计、勘察等，也应根据其职责和需要，进行相应的安全培训与教育。培训内容应包括相关法律法规、标准规范、安全责任等方面的知识。

（三）安全检查与评估

安全检查与评估是水利工程施工现场安全管理的重要环节，通过对施工现场的安全状况进行定期检查和评估，及时发现和消除安全隐患，确保工程顺利进行。

1.安全检查

安全检查应按照国家和行业有关标准和规定，对施工现场的安全生产条件、安全防护设施、安全操作规程等方面进行全面检查。对于检查中发现的安全隐患，应立即通知相关责任人进行整改。

2.安全评估

安全评估是对施工现场的安全风险进行量化分析和评价，预测可能发生的事故类型、事故后果和事故发生的概率。安全评估结果可用于制定有针对性的安全防护措施，降低事故发生的概率。

（四）安全事故处理与防范

1.安全事故处理

安全事故处理是水利工程施工现场安全管理的重要组成部分，对于保障施工现场人员和设备安全具有重要意义。在安全事故处理中，应遵循以下原则：

（1）及时报告：发生安全事故时，现场人员应立即向上级领导报告，确保信息传递的及时性和准确性。

（2）快速响应：安全事故发生后，应迅速启动应急预案，组织相关人员开展救援，减少事故损失。

（3）分类处理：针对不同类型的事故，应采取相应的处理措施，如人身伤害事故、设备损坏事故等。

（4）严肃查处：对安全事故进行严肃查处，查明事故原因，分清事故责任，追究相关责任人。

2.安全事故防范

安全事故防范是降低安全事故发生概率的关键。在水利工程施工现场，应采取以下措施加强安全事故防范：

（1）加强安全培训：提高现场人员的安全意识，使其掌握安全操作技能。

（2）完善安全管理制度：建立健全安全管理制度，规范现场安全管理。

（3）安全检查：定期开展安全检查，发现安全隐患后应及时整改。

（4）预警预防：针对可能发生的安全事故，提前预警，采取预防措施。

五、水利工程施工现场安全管理体系运行效果评价

（一）评价指标体系构建

在水利工程施工现场安全管理体系运行效果评价中，构建评价指标体系是非常关键的一步。评价指标体系需要根据施工现场的实际情况，以及安全管理体系的运行特点进行设计。

1.安全管理体系运行的稳定性

安全管理体系运行的稳定性指标主要考查的是安全管理体系的运行是否稳定，包括是否有频繁的故障和停机，以及是否有持续的改进和优化。

2.安全事件的数量和严重性

安全事件的数量和严重性指标主要考查的是在安全管理体系运行期间，发生的安全事件的数量和严重性。这些安全事件可能包括小的事故，如轻微的损伤，或者是严重的事故，如死亡或重伤。

3.安全培训的有效性

安全培训的有效性指标主要考查的是安全培训在提高员工安全意识方面的效果，包括员工对安全知识的掌握程度，以及他们在实际工作中是否按照培训的要求进行安全生产。

4.安全设备的完好性和可用性

安全设备的完好性和可用性指标主要考查的是安全设备是否完好，是否能够在需要时正常使用，包括安全设备的维护保养，以及设备的数量和位置是否合理。

5.安全管理的效率

安全管理的效率指标主要考查的是安全管理体系的运行效率，包括是否能够及时发现和处理安全问题，以及是否能够有效地利用资源。

总的来说，构建评价指标体系是水利工程施工现场安全管理体系运行效果评价的重要步骤，需要充分考虑施工现场的实际情况，以及安全管理体系的运行特点。

（二）评价方法选择

在评价水利工程施工现场安全管理体系运行效果时，选择合适的评价方法是非常重要的。

1.调查问卷法

调查问卷法是一种广泛应用的评价方法，通过设计针对性强的问卷，收集施工现场管理人员、员工等各方对安全管理体系运行效果的意见和反馈。这种方法的优点是操作简便、成本较低，能够获取较多数量的评价结果。但需要注意的是，调查问卷的质量和可信度取决于问卷设计者对施工现场安全管理的了解程度。

2.现场观察法

现场观察法是指评价人员直接到施工现场，通过观察安全管理体系的实际运行情况来评价其效果。这种方法可以较为直观地了解施工现场的安全状况，发现存在的问题和不足。但需要注意的是，评价人员需要具备丰富的安全管理经验，以确保评价结果的准确性。

3.统计分析法

统计分析法是通过收集施工现场的安全事故数据、安全隐患排查数据等，对安全管理体系的运行效果进行定量分析。这种方法的优点是评价结果具有较高的客观性，但需要大量的数据支持，且对数据分析的专业性要求较高。

4.专家评审法

专家评审法是指邀请具有丰富经验的安全管理专家，对施工现场的安全管理体系进行评审。这种方法可以充分发挥专家的经验和专业知识，评价结果较为权威。但需要注意的是，评审专家的选取和评审过程中的沟通组织较为复杂，成本较高。

总之，选择评价方法时应根据实际情况和评价目的来确定。对于水利工程施工现场安全管理体系运行效果评价，调查问卷法和现场观察法较为适用。在具体实施过程中，可以结合使用这两种方法，以提高评价结果的准确性和可信度。

（三）评价结果分析

1.安全管理体系的完整性

通过评价，我们可以得出水利工程施工现场安全管理体系的完整性较高。这一体系涵盖了施工现场的危险源识别、风险评估以及安全措施制定、实施和监控等各个环节，形成了一个完整的安全管理体系。在此基础上，施工现场的安全管理得到了保障。

2.安全管理的有效性

评价结果显示，水利工程施工现场安全管理体系在实施过程中具有较高的有效性。通过体系的运行，施工现场的危险源得到有效识别和控制，降低了事故发生的可能性，提高了施工现场的安全水平。

3.体系的适应性

通过对水利工程施工现场安全管理体系在不同项目、不同阶段的运行效果进行评价，我们可以发现该体系具有较强的适应性。这主要得益于体系中风险评估和控制措施的灵活性，可以根据施工现场的具体情况和需求进行调整，从而保证体系的有效运行。

4.体系的持续改进

评价结果表明，水利工程施工现场安全管理体系在运行过程中能够不断进行自我完善和优化。通过收集和分析施工现场的安全数据，可以发现体系中存在的不足，进而有针对性地进行改进和优化，提高安全管理体系的运行效果。

5.综合评价

综合考虑以上各方面因素，水利工程施工现场安全管理体系运行效果评价结果较好。体系的运行对施工现场的安全管理起到了推动作用，有利于提高施工现场的安全水平，降低事故发生的风险。

总之，水利工程施工现场安全管理体系在完整性、有效性、适应性、持续改进等方面表现出较好的运行效果，为施工现场安全管理提供了有力保障。但仍需注意，在实际运行过程中，应根据施工现场的具体情况和需求，不断优化和改进体系，以更好地提高施工现场的安全水平。

六、水利工程施工现场安全管理体系的改进

（一）改进策略

通过教育和培训，提高施工现场所有人员的安全意识，使他们充分认识到安全管理的重要性，从而自觉遵守安全规定，主动预防安全事故。对现有的安全管理体系进行全面的审查和改进，确保安全管理制度的科学性、合理性和可操作性，为现场安全管理提供明确的指导。通过定期和不定期的安全检查，及时发现和消除安全隐患，对存在安全隐患的部位和环节进行重点监控，确保施工现场的安全。针对可能发生的安全事故，制定相应的应急预案，提高施工现场的应急处理能力，确保在突发情况下能够迅速采取有效措施，降低安全事故造成的损失。

（二）改进措施

定期组织安全培训，使施工人员掌握必要的安全知识和技能，提高他们的安全操作水平，减少由于操作不当导致的安全事故。按照国家和行业的相关标准，提高施工现场的安全设施配置，确保安全设施的质量和性能，为施工现场的安全提供有力保障。明确各个岗位的安全职责，实行安全责任制，使每个员工都对自己的安全行为负责，从而提高整个施工现场的安全管理水平。利用现代信息技术，对施工现场的安全信息进行实时采集、分析和处理，提高安全管理效率，降低安全事故的发生概率。定期组织应急救援演练，提高施工现场的应急救援能力，确保在发生安全事故时能够迅速、有效地进行救援，减少事故损失。

第四节　施工人员的安全教育与培训

一、施工人员安全教育的必要性

在水利工程施工过程中，施工人员的安全教育具有极高的必要性。安全教育能够提高施工人员的安全意识，使他们充分认识到施工现场的危险性，从而降低安全事故的发生率。此外，通过安全教育，施工人员能够了解并掌握相应的安全操作规程和应急处理措施，提高安全操作技能，保障施工的安全进行。

二、安全教育培训对施工人员的影响

安全教育培训对施工人员的影响深远。首先，安全教育培训能够使施工人员明确自己的安全职责，增强自身的安全责任感。其次，通过安全教育培训，施工人员能够了解和掌握各种安全设施的使用方法，提高安全操作技能。最后，安全教育培训能够增强施工人员的团队协作意识，使他们能够在遇到危险时互相帮助，共同应对。

三、安全教育培训与施工人员安全行为的关联性

安全教育培训与施工人员的安全行为有着紧密的关联。通过安全教育培训，施工人员能够了解和掌握安全操作规程和应急处理措施，从而规范安全行为，降低安全事故的发生率。同时，安全教育培训能够提高施工人员的安全意识，使他们能够主动避免不安全的行为，形成良好的安全行为习惯。因此，安全教育培训是保障施工人员施工安全、防止安全事故发生的重要手段。

四、水利工程施工人员安全教育与培训的现状分析

（一）当前安全教育培训的实施情况

随着我国水利工程建设的快速发展，施工人员的安全教育培训已成为施工管理的重要组成部分。在现阶段，我国水利工程施工人员的安全教育培训实施情况主要表现在以下几个方面：

1. 安全教育培训的法规和制度建设

近年来，我国出台了一系列关于水利工程施工人员安全教育培训的法规和

制度，如《建设工程安全生产管理条例》《水利工程建设安全生产管理规定》等，明确了施工人员安全教育培训的要求、内容、方法和程序，为安全教育培训提供了法规依据。

2.安全教育培训的内容和方式

当前，水利工程施工人员的安全教育培训内容主要包括：安全生产法律法规、安全生产基本知识、水利工程施工安全技术、事故案例分析等。在教育培训方式上，除了传统的课堂讲授外，还采用了现场观摩、实际操作演练、多媒体教学等多种形式，以提高教育培训的效果。

3.安全教育培训的实施主体和责任

水利工程施工人员的安全教育培训主要由施工单位负责组织实施。施工单位应建立健全安全教育培训制度，制订安全教育培训计划，保证教育培训的投入，确保教育培训的质量和效果。同时，监理单位、业主单位等也应履行相应的安全教育培训责任。

4.安全教育培训的监督检查

为保障安全教育培训的实施效果，各级建设行政主管部门及相关部门对水利工程施工人员的安全教育培训工作进行监督检查。对未按照规定进行安全教育培训的施工单位，将依法予以处罚。

（二）安全教育培训中存在的问题

现有的安全教育培训往往偏重理论知识的讲解，缺乏实践操作和实际案例分析，使得施工人员难以将理论知识应用到实际工作中，从而影响了安全教育培训的效果。

部分施工企业仍然采用传统的安全教育培训方式，如讲座、视频播放等，缺乏与施工人员的互动，难以激发施工人员的学习兴趣和积极性。

在一些施工企业中，安全教育培训往往仅限于新员工入职时的集中培训，缺乏定期和持续的培训，使得施工人员的安全知识和技能难以得到及时更新和提高。

部分施工企业对安全教育培训效果缺乏有效的评估手段，无法准确了解安全教育培训的实际效果，从而影响了安全教育培训的改进和优化。

（三）存在问题的原因分析

其一，一些施工企业对安全教育培训的重要性缺乏足够的认识，认为安全教育培训是负担，从而导致安全教育培训投入不足，影响了安全教育培训的质量和效果。

其二，部分施工企业缺乏完善的安全教育培训制度，如培训内容、方式、频率、效果评估等方面缺乏明确的规定和要求，导致安全教育培训工作难以落实到位。

其三，一些施工企业安全教育培训师资力量不足，缺乏具备专业知识和丰富经验的培训讲师，导致安全教育培训质量难以得到保障。

其四，部分施工企业缺乏安全文化氛围，员工安全意识淡薄，对安全教育培训抱有抵触心理，影响了安全教育培训的效果。

总之，水利工程施工人员安全教育与培训的现状存在一定问题，需要从提高企业对安全教育培训的认识、完善安全教育培训制度、加强安全教育培训师资力量、营造安全文化氛围等多方面进行改进和优化，以提高安全教育培训的效果，保障水利工程施工人员的人身安全。

五、水利工程施工人员安全教育与培训体系的构建

（一）安全教育与培训体系的构建原则

1.坚持安全第一

在构建水利工程施工人员安全教育与培训体系时，首先要始终坚持"安全

第一"的原则。这一原则意味着将安全置于首要位置，将安全管理作为各项工作的前提和基础，以确保施工现场人员和设备的安全。在实际操作中，需要将这一原则贯穿施工人员的招聘、培训、考核等各个环节，形成一种以安全为导向的管理模式。

2.遵循法规和标准

构建水利工程施工人员安全教育与培训体系时，必须遵循国家和行业的相关法规和标准，包括施工安全生产法规、标准和规范等。通过严格执行这些法规和标准，可以确保施工现场的安全，降低事故发生的风险。同时，遵循法规和标准原则还可以提高施工人员的法律意识，使他们充分了解和掌握安全法律法规，从而在实际工作中自觉遵守规定，确保自身和他人的安全。

3.注重实际操作与实践

在构建水利工程施工人员安全教育与培训体系时，应注重实际操作和实践。通过实际操作和实践，使施工人员掌握安全知识和技能，提高他们的安全意识和安全素质。具体措施包括设置实际操作课程、模拟演练等，使施工人员在实际操作中不断积累经验，提高应对突发事件的能力。

4.强化培训与考核

构建水利工程施工人员安全教育与培训体系时，要注重培训与考核。对施工人员进行定期的安全培训和考核，可以确保他们始终掌握最新的安全知识和技能。培训内容应涵盖施工安全、个人防护、事故应急处理等方面，以提高施工人员的安全素质。同时，通过考核评估施工人员的安全知识和技能水平，对于不合格的人员进行再次培训，确保他们达到岗位要求。

5.持续改进

在构建水利工程施工人员安全教育与培训体系时，应遵循持续改进的原则。随着施工技术的不断发展、新材料的应用以及法规和标准的不断更新，安全教育培训体系也应不断进行调整和完善。只有不断地进行改进，才能使安全教育与培训体系更加适应施工现场的实际需求，更好地保障施工人员的安全。

（二）安全教育与培训体系的具体构建

在构建水利工程施工人员安全教育与培训体系的过程中，需要关注以下几个方面：

1.制订安全教育与培训计划

要根据水利工程施工的特点和实际情况，制订出具体的安全教育与培训计划。计划应包含安全教育的目标、内容、时间、方式、责任人等要素，以确保安全教育与培训工作有序进行。

2.加强安全教育培训教材的开发与使用

为了提高安全教育培训的效果，需要开发一套针对水利工程施工的安全教育培训教材。教材内容应涵盖水利工程施工中的各种安全知识和技能，如安全生产法律法规、施工现场安全管理、安全操作技能等。同时，要注重教材的实用性、通俗性和生动性，以便于施工人员理解和掌握。

3.开展多样化安全教育培训活动

在实施安全教育培训过程中，要采用多种形式，提高施工人员的学习兴趣和参与度。例如，可以组织安全知识讲座、安全技能竞赛、事故案例分析等活动，让施工人员在轻松愉快的氛围中学习安全知识。

4.落实安全教育培训考核制度

为了确保安全教育培训效果，需要建立一套完善的考核制度。考核内容应包括安全知识的掌握程度、安全技能的运用能力等。考核方式可以采用笔试、实操、面试等多种形式，以全面评估施工人员的安全教育培训效果。

5.强化安全教育培训的监督检查

要加强对安全教育培训工作的监督检查，确保安全教育与培训计划的有效执行。可以定期对施工现场进行安全检查，了解施工人员的安全教育培训情况，对存在的问题及时进行整改。

总之，在构建水利工程施工人员安全教育与培训体系的过程中，要从多个方面入手，确保施工人员具备必要的安全知识和技能，提高施工现场的安全管理水平，预防安全事故的发生。

六、水利工程施工人员安全教育与培训的方法与策略

（一）安全教育与培训方法的选择

在水利工程施工中，安全教育培训方法的选择至关重要。根据相关法规和标准，结合施工现场的实际情况，我们可以从以下几个方面来选择合适的安全教育与培训方法：

1.常规安全教育

常规安全教育包括安全基本知识、法规、法制教育，以及本工程施工过程及安全规章制度、安全纪律等方面的教育。这类教育可以通过定期举行安全培训课程、讲座等形式进行，让施工人员全面了解和掌握安全知识。

2.技能培训

针对施工现场的具体作业内容和操作要求，对施工人员进行技能培训。如高处作业、起重设备操作、焊接切割等特种作业，需要专业技能和操作经验，应进行专门培训，确保施工人员具备相应的能力。

3.案例教育

通过分析典型的安全事故案例，让施工人员了解事故原因、后果及预防措施，提高他们的安全意识。案例教育可以通过开展事故案例分析会、事故教训展示等多种形式进行。

4.实际操作演练

组织施工人员进行实际操作演练，以提高他们在遇到突发情况时的应变能力和自救互救能力。实际操作演练可以针对不同类型的灾害和事故进行，如火灾、地震、溺水等。

5.安全文化建设

营造良好的安全氛围，鼓励施工人员主动关注安全问题，积极参与安全管理。通过安全文化活动、安全知识竞赛、安全优秀个人和团队评选等手段，激发施工人员对安全的重视，提高他们的安全意识。

总之，在水利工程施工人员安全教育与培训中，应根据实际情况选择合适的安全教育培训方法，注重理论与实践相结合，提高施工人员的安全意识和技能水平，确保工程施工安全顺利进行。

（二）安全教育与培训策略的制定

在水利工程施工中，安全教育与培训策略的制定是非常重要的一环。在制定安全教育与培训策略时，需要考虑多方面因素，以确保培训的有效性和实用性。

首先，需要明确安全教育与培训的目标。在水利工程施工中，安全教育与培训的目标应该是提高施工人员的安全意识，使他们能够自觉遵守安全规章制度，掌握必要的安全知识和技能，以便在施工过程中能够有效预防安全事故的发生。

其次，需要根据施工人员的实际情况，制订合适的安全教育与培训计划。在制订安全教育与培训计划时，应考虑施工人员的年龄、文化程度、工作经验等因素，以确保培训内容能够符合他们的实际需求。

此外，需要选择合适的安全教育与培训方式。在水利工程施工中，安全教育与培训方式包括课堂教学、模拟演练、实际操作等多种形式。不同的培训方式适用于不同的情况，因此应该根据实际情况选择最合适的方式。

最后，需要对安全教育与培训效果进行评估。在水利工程施工中，评估安全教育与培训效果的方法可以包括考试、问卷调查、实际操作演示等。通过评估可以了解安全教育与培训的效果，及时发现问题并采取措施加以改进。

（三）安全教育与培训效果的评估与反馈

在水利工程施工中，安全教育与培训效果的评估与反馈是非常重要的一个环节。通过对安全教育与培训效果的评估与反馈，可以及时了解安全教育与培训的质量和效果，为提高安全教育与培训的质量和效果提供依据。

首先，安全教育与培训效果的评估应该以实际情况为基础。在评估过程中，应该考虑施工人员的实际需求，以及安全教育与培训内容的实际应用情况。这样可以确保安全教育与培训的针对性和实用性，提高安全教育与培训的效果。

其次，安全教育与培训效果的评估应该以量化数据为依据。在评估过程中，应该通过问卷调查、考试、实地观察等多种方式，收集和整理安全教育与培训的量化数据。这样可以确保评估结果的客观性和公正性，为提高安全教育与培训效果提供科学依据。

最后，安全教育与培训效果的反馈应该及时、有效。在反馈过程中，应该及时向施工人员反馈安全教育与培训效果的评估结果，让施工人员了解安全教育与培训的质量和效果，并及时采取措施，提高安全教育与培训的效果。

第五节　安全检查与评价

一、水利工程安全检查的理论基础

（一）水利工程安全检查的定义

水利工程安全检查，顾名思义，是指对水利工程进行的一系列安全评估和检测活动。目的是确保水利工程在设计、施工、运行及维护等各个阶段均符合安全标准，预防安全事故的发生，保障人民生命财产安全和社会稳定。

（二）水利工程安全检查的分类

根据水利工程的不同阶段和检查目的，水利工程安全检查可以分为以下几类：

1.设计阶段的安全检查

设计阶段的安全检查主要是针对水利工程设计方案进行安全评估，包括地质勘查、工程设计、结构安全等方面的检查。此阶段的安全检查旨在确保设计方案的科学性、合理性和安全性，避免因设计缺陷导致的安全事故的发生。

2.施工阶段的安全检查

施工阶段的安全检查主要是针对水利工程施工过程中的安全管理和工程质量进行检查。此阶段的安全检查包括施工现场的安全防护、工程质量的检验、施工队伍的资质认证等方面的内容。通过施工阶段的安全检查，可以及时发现并解决施工过程中的安全隐患，确保工程质量和施工安全。

3.运行阶段的安全检查

运行阶段的安全检查主要是针对水利工程在投入运行后的安全状况进行检查。此阶段的安全检查包括工程设施的运行状况、安全监测数据的分析、应急预案的制定和演练等方面的内容。通过运行阶段的安全检查，可以及时发现并解决工程运行中的安全隐患，保障工程安全运行。

4.维护阶段的安全检查

维护阶段的安全检查主要是针对水利工程在运行一定时间后的维护保养情况进行检查。此阶段的安全检查包括工程设施的维修保养、安全防护设施的更新改造、安全监测设备的校验等方面的内容。通过维护阶段的安全检查，可以确保工程设施始终处于良好的工作状态，延长工程使用寿命，降低安全风险。

（三）水利工程安全检查的方法

1. 现场检查

现场检查是水利工程安全检查的基础方法，通过实地查看工程现场，可以直观地了解工程运行状况，发现潜在的安全隐患。现场检查应重点关注工程结构、设备、材料等方面，同时要关注工程周边环境的变化，如山体滑坡、洪水等。

2. 资料查阅

资料查阅是水利工程安全检查的重要方法之一。通过查阅工程设计、施工、运行等各阶段的资料，可以了解工程的建设标准、施工质量、运行管理等方面的情况。资料查阅应涵盖工程建设的全过程，确保检查的全面性。

3. 监测分析

监测分析是水利工程安全检查的有效手段。通过对工程运行过程中的各种监测数据进行分析，可以及时发现工程的安全隐患，预测工程可能出现的问题。监测分析应充分利用现代监测技术，如远程监测、自动化监测等。

（四）水利工程安全检查的流程

（1）确定检查对象：根据工程的特点和实际情况，确定检查的对象，如工程结构、设备、材料等。

（2）制订检查方案：根据检查对象的特点和工程运行状况，制订详细的检查方案，包括检查内容、方法、时间、人员等。

（3）实施检查：按照检查方案，组织人员进行检查。在检查过程中，应认真记录检查情况，收集相关资料。

（4）分析问题：对检查中发现的问题进行逐一分析，找出问题的原因，评估问题的影响。

（5）制定整改措施：针对分析出的问题，制定具体的整改措施，并督促实施。

（6）跟踪复查：对整改措施的实施情况进行跟踪复查，确保整改措施的落实。

二、水利工程安全评价的理论基础

（一）水利工程安全评价的定义

水利工程安全评价是指根据水利工程的特点、功能和目标，运用科学的方法、技术手段和管理措施，对水利工程在设计、施工、运行及退役等各个阶段的安全性能进行评估和判断，为政府决策、工程建设和运行管理提供科学依据。

（二）水利工程安全评价的分类

水利工程安全评价可以根据评价对象、目的、阶段和内容进行分类。

（1）根据评价对象，水利工程安全评价可以分为水库大坝安全评价、河道整治安全评价、灌溉排水工程安全评价、水电站工程安全评价等。

（2）根据评价目的，水利工程安全评价可以分为水利工程建设前安全评价、水利工程运行安全评价、水利工程退役安全评价等。

（3）根据评价阶段，水利工程安全评价可以分为设计阶段安全评价、施工阶段安全评价、运行阶段安全评价、退役阶段安全评价等。

（4）根据评价内容，水利工程安全评价可以分为地质安全评价、工程安全评价、水文水资源安全评价、环境保护安全评价、运行管理安全评价等。

（三）水利工程安全评价的方法

1.安全检查表法

安全检查表法是一种常用的水利工程安全评价方法。通过对水利工程各项安全指标的检查，对水利工程的安全性进行评估。安全检查表法的优点在于简单、易操作，适用于各种类型和规模的水利工程。

2.风险矩阵法

风险矩阵法是一种定量评价水利工程安全性的方法。该方法通过构建风险矩阵，对水利工程可能出现的风险进行定量分析，从而评价水利工程的安全性。风险矩阵法的优点在于评价结果更为精确，但缺点是计算过程较为复杂，需要一定的专业知识和技能。

3.模糊综合评价法

模糊综合评价法是一种基于模糊数学的综合评价方法。该方法通过构建评价指标体系，对水利工程的安全性进行综合评价。模糊综合评价法的优点在于可以较好地处理评价指标之间的模糊性，但缺点是对评价人员的专业素质要求较高。

4.专家评价法

专家评价法是一种基于专家经验的水利工程安全评价方法。该方法通过邀请相关领域的专家对水利工程的安全性进行评价，从而得出评价结果。专家评价法的优点在于可以充分利用专家的经验和智慧，但缺点是对专家的专业素质要求较高，且评价结果可能受到专家主观因素的影响。

（四）水利工程安全评价的流程

（1）确定评价方法：根据水利工程的特点和评价目的，选择合适的评价方法。

（2）构建评价指标体系：根据评价方法，构建适用于水利工程的安全评价指标体系。

（3）收集评价数据：通过现场调查、资料收集等方式，获取评价所需的数据。

（4）进行评价：根据评价方法，对收集到的数据进行评价，得出评价结果。

（5）分析评价结果：对评价结果进行分析，找出水利工程存在的安全问题，并提出改进建议。

（6）编写评价报告：将评价过程、评价结果和改进措施等内容整理成评价报告，为政府部门和企业提供决策依据。

（五）水利工程安全评价的标准和规范

水利工程安全评价的标准和规范是水利工程安全管理的重要组成部分，对于保障水利工程的安全运行具有至关重要的作用。

1.水利工程安全评价标准的制定

水利工程安全评价标准的制定应遵循科学、合理、实用、可行的原则，结合水利工程的特点和风险因素，参照国家相关法律法规和技术标准，经过充分调查研究、论证分析后制定。水利工程安全评价标准主要包括：工程设计标准、工程施工标准、工程运行管理标准、应急预案标准等。

2.水利工程安全评价规范的编制

水利工程安全评价规范的编制应依据国家和行业有关法律法规、技术标准和规程，结合水利工程安全评价的实际需要，明确评价的原则、内容、方法、程序、要求等。水利工程安全评价规范主要包括：安全评价通则、工程风险评价规范、工程安全管理评价规范、工程应急预案评价规范等。

3.水利工程安全评价标准与规范的应用

水利工程安全评价标准与规范的应用应严格按照相关要求进行，确保评价结果的准确性和可靠性。在评价过程中，要充分考虑水利工程的特点和风险因素，结合工程设计、施工、运行管理等实际情况，对评价对象进行全面、深入、细致的分析。评价结果应满足工程安全管理的要求，为决策提供科学依据。

4.水利工程安全评价标准与规范的修订

随着水利工程的发展和技术的进步，水利工程安全评价的标准和规范应不断修订和完善。对于已不适应工程实际需要、存在缺陷和不足的标准和规范，应及时进行修订，以保障水利工程安全评价的准确性和可靠性。

总之，水利工程安全评价的标准和规范是水利工程安全管理的基础，对于确保水利工程的安全运行具有重要意义。因此，相关部门应加强对水利工程安全评价的标准和规范的研究和制定工作，不断完善和提高评价标准和规范的质量和水平。

三、水利工程安全检查与评价的问题与挑战

（一）水利工程安全检查与评价的现状分析

水利工程是关系到国计民生的重要基础设施，其安全问题不容忽视。在我国，水利工程安全检查与评价工作已经取得了一定的成果，但同时也面临着一些问题和挑战。

1.法律法规体系逐步完善

近年来，我国出台了一系列关于水利工程安全检查与评价的法律法规和标准，如《中华人民共和国水污染防治法》《水利工程质量管理规定》等，为水利工程安全检查与评价工作提供了法制保障。

2.安全检查与评价工作逐步规范

目前，我国水利工程安全检查与评价工作已经逐步规范，大多数省份都建立了相应的安全检查与评价制度，制定了评价指南和标准，对水利工程的安全管理起到了推动作用。

3.安全检查与评价体系初步形成

我国水利工程安全检查与评价体系已经初步形成，包括工程前期、施工期、运行期等各个阶段的安全检查与评价。这些安全检查与评价工作涵盖了水利工程的全过程，保障了工程的安全、可靠、高效运行。

4.安全检查与评价技术不断提高

随着科学技术的不断发展,我国水利工程安全检查与评价技术也取得了显著进步。例如,工程安全监测技术、风险评估技术、安全评价方法等在水利工程安全检查与评价工作中得到了广泛应用,提高了评价的准确性、科学性。

(二)水利工程安全检查与评价存在的问题

水利工程是国民经济和社会发展的基础设施,关系到人民群众的生命和财产安全。然而,近年来水利工程安全问题却屡见不鲜,安全检查与评价工作存在一些问题,具体表现在以下几个方面:

1.安全检查制度不健全

目前,我国水利工程安全检查制度尚不健全,缺乏统一的标准和规范。一些工程安全检查流于形式,没有真正发挥出检查的作用。此外,检查周期过长,不能及时发现和处理安全隐患,导致事故发生。

2.安全评价方法不科学

水利工程安全评价方法缺乏科学性,主要表现在评价指标体系不完善、评价方法过于简化、评价结果的主观性较强等。这些因素都影响了评价结果的准确性和公正性,不利于工程的安全管理。

3.安全管理人员素质不高

水利工程安全管理人员的素质参差不齐,一些管理人员缺乏专业知识和实践经验,无法准确识别和处理安全隐患。此外,安全管理队伍不稳定,人员流动频繁,也影响了安全管理的效果。

4.安全隐患整改不力

对于水利工程安全检查中发现的问题,一些责任单位整改不力,甚至存在虚假整改、拖延整改的现象。这导致安全问题长期存在,给工程安全带来巨大隐患。

5.安全监管不到位

水利工程安全监管不到位，一些监管部门存在监管盲区，对工程的安全生产情况缺乏全面了解。此外，监管部门之间缺乏有效沟通和协作，导致监管效果不佳。

总之，我国水利工程安全检查与评价存在的问题较多，需要从制度、方法、人员、整改和监管等方面加以改进，以提高水利工程的安全水平。

（三）解决水利工程安全检查与评价问题的对策

1.制定完善的安全检查与评价制度

制定完善的安全检查与评价制度是确保水利工程安全的基础。应当建立定期检查、专项检查和日常巡查相结合的检查制度，对工程设施、设备、安全防护等方面进行全面检查。同时，构建科学的评价体系，对检查结果进行全面、科学的评价，确保工程安全状况得到准确反映。

2.加强安全管理人员队伍建设

安全管理人员队伍是水利工程安全检查与评价工作的关键。应当加强安全管理人员的培训和选拔，提高其业务素质和安全意识。同时，建立激励机制，鼓励安全管理人员认真履行职责，充分发挥其在安全管理中的作用。

3.提高安全检查与评价技术水平

随着科技的发展，安全检查与评价技术也在不断提高。应当采用先进的安全检查与评价技术，如无人机、机器人等，提高安全检查与评价的效率和准确性。同时，利用大数据、云计算等技术手段，对检查数据进行分析和处理，为评价提供更为科学的依据。

4.强化安全检查与评价结果运用

安全检查与评价结果的运用是确保水利工程安全的关键。对于检查中发现的问题，应当及时制订整改方案，明确责任人和整改时限，确保整改到位。同时，将评价结果作为水利工程安全管理的重要依据，对存在安全隐患的工程，应当采取限时整改、停工整顿等措施，确保工程安全。

5.完善安全应急预案

安全应急预案是应对突发安全事故的重要手段。应当完善水利工程安全应急预案，明确应急组织、应急措施、应急资源等方面的内容，确保在突发事故发生时，能够迅速启动安全应急预案，降低安全事故造成的损失。

第六节　安全事故的调查与处理

一、水利工程安全事故的诱因与特点

（一）水利工程安全事故的诱因

1.结构安全问题

结构安全问题主要是指由于水利工程结构自身的缺陷或损伤，导致工程失效或破坏，从而对人民生命财产造成威胁。这类安全事故主要包括以下几个方面：

（1）土石方塌方和结构坍塌：在水利工程施工过程中，土石方塌方和结构坍塌是造成安全事故的主要原因。这主要是由于施工现场管理不善，以及地质条件不稳定等造成的。

（2）混凝土结构裂缝和渗漏：水利工程中的混凝土结构裂缝和渗漏问题，会导致结构安全性能下降，甚至引发工程失效。这主要是由于施工质量问题、材料老化、设计不合理等造成的。

（3）金属结构腐蚀：金属结构在水利工程中广泛应用，如管道、闸门、压力容器等。然而，金属结构的腐蚀问题会导致结构强度降低，影响工程安全。这主要是由于金属材料选择不当、防腐措施不到位等造成的。

2.运行安全问题

运行安全问题主要是指水利工程在运行过程中，由于操作不当、设备故障等原因，导致安全事故的发生。这类安全事故主要包括以下几个方面：

（1）设备故障：水利工程中的设备故障，如发电机组、水泵、闸门等设备故障，会导致工程运行受阻，影响正常供水、发电等功能。这主要是由于设备维护不到位、操作人员技能不足等造成的。

（2）运行管理不当：水利工程运行管理不当，如调度不合理、预警机制不完善等，会导致工程运行安全事故的发生。这主要是由于管理体制不健全、人员素质不高等造成的。

（3）自然灾害：水利工程在运行过程中，受到自然灾害的影响，如洪水、地震等，可能导致工程受损，影响安全运行。这主要是由于工程设计不合理、应对措施不足等造成的。

3.环境安全问题

环境安全问题主要是指水利工程在建设和运行过程中，对周边环境造成不良影响，从而导致安全事故的发生。这类安全事故主要包括以下几个方面：

（1）水土流失：水利工程施工过程中，不合理的土地开挖和植被破坏，会导致水土流失，影响周边生态环境。这主要是由于施工过程中环境保护措施不到位、土地利用规划不合理等造成的。

（2）水资源污染：水利工程在运行过程中，可能会对周边水资源造成污染，影响水资源的可持续利用。这主要是由于工程运行过程中产生的废水、废渣等污染物处理不当，以及上游污染源控制不力等造成的。

（3）生态保护问题：水利工程建设和运行过程中，可能会对周边生态环境造成破坏，导致生态失衡。这主要是由于工程设计中生态保护措施不力、施工过程对生态环境破坏较大等造成的。

（二）水利工程安全事故的特点

1.突发性

由于水利工程涉及水文、地质等多种自然因素，这些因素的变化往往难以预测和控制。例如，洪水、滑坡、泥石流等灾害可能在短时间内突然发生，造成严重的安全事故。因此，在水利工程建设过程中，必须加强对自然环境的监测和预警，及时采取应对措施，降低安全事故的发生概率。

2.复杂性

水利工程通常涉及多个领域，如水资源、水力发电、灌溉排水等，其安全事故可能涉及工程设计、施工、运行等多个环节。在事故调查和处理过程中，需要对各个环节进行详细的分析和评估，找出事故发生的根本原因，制订有效的整改方案。因此，水利工程安全事故的复杂性要求我们在安全管理工作中，必须全面考虑各个环节的风险因素，确保各项安全措施得到执行。

3.影响广泛性

水利工程是国民经济的重要基础设施，其安全事故往往对社会经济产生较大影响。例如，水库垮坝、堤防决口等事故可能导致下游地区发生严重的洪涝灾害，给人民群众的生命财产带来巨大损失。因此，在水利工程建设过程中，必须高度重视安全管理，确保工程安全运行，避免安全事故的发生。

二、水利工程安全事故的成因分析

（一）设计阶段

1.设计不合理

水利工程设计是工程建设的第一步，也是最关键的一步。设计不合理会给整个工程埋下安全隐患。在设计阶段，可能出现以下问题：

（1）设计方案不完善，未能充分考虑工程所处的地形、地质、水文等自然条件，导致实际施工中出现不可预见的问题。

（2）设计结构不合理，如坝体设计过高、排水系统设计不当等，可能引发滑坡、渗漏、洪水等安全事故。

（3）设计中未充分考虑环境保护和生态平衡，可能导致生态破坏、水源污染等问题。

2.设计规范与标准滞后

随着科学技术的发展，水利工程建设标准也在不断更新和完善。然而，在实际工程设计中，部分设计规范与标准可能存在滞后性，不能适应新的技术发展和实际需求。例如：

（1）设计规范与标准陈旧，无法满足当前工程建设的安全性、经济性、环保性等要求。

（2）设计人员对新的设计规范与标准了解不足，导致实际设计中存在不符合新标准要求的情况。

（3）设计审批部门对设计规范与标准的审查不严，导致不符合要求的工程设计通过审批。

（二）施工阶段

1.施工质量问题

施工质量问题是导致水利工程安全事故发生的主要原因之一。在施工过程中，如果施工队伍没有按照设计图纸和相关标准进行施工，或者使用的建筑材料不符合标准，都会导致工程质量问题。例如，混凝土强度不足、钢筋直径不足、土壤夯击不密实等，这些问题都可能导致水利工程安全事故的发生。

2.施工管理不善

施工管理不善也是导致水利工程安全事故发生的重要原因之一。在施工过程中，如果施工管理人员没有对安全问题进行充分的考虑和管理，或者没有采取合理的安全措施，都会导致安全事故的发生。例如，在施工现场，如果没有设置明显的安全标志，或者没有对施工人员进行充分的安全培训，都会增加安全事故的发生概率。

总的来说，施工阶段是水利工程安全事故发生的主要阶段。在施工过程中，施工质量和施工管理都是影响安全事故发生的重要因素。因此，在进行水利工程施工时，必须充分考虑施工质量和施工管理问题，采取合理的安全措施，以保证水利工程施工的安全性和稳定性。

（三）运行与维护阶段

1.运行管理不到位

运行管理是保障水利工程安全的关键环节，包括对工程设施的巡查、监控、调度、运行维护等多个方面。如果运行管理不到位，可能导致以下问题：

（1）巡查监控不力：工程设施的巡查监控不到位，可能导致对安全隐患发现和处理滞后，从而增加安全事故的发生概率。

（2）调度运行不合理：在水利工程的运行过程中，如果调度运行不合理，可能导致工程设施超负荷运行，从而引发安全事故。

2.维护保养不及时

维护保养是确保水利工程安全运行的重要措施，包括对工程设施的检查、维修、更换等多个方面。如果维护保养不及时，可能导致以下问题：

（1）检查不彻底：维护保养工作的第一步是检查，若检查不彻底，可能遗漏安全隐患，从而导致安全事故的发生。

（2）维修不及时：对于发现的问题，若维修不及时，可能导致小问题变成大隐患，最终引发安全事故。

（3）更换不及时：对于达到使用年限或者损坏严重的工程设施，需要及时进行更换。若更换不及时，可能导致工程设施在运行过程中突然失效，引发安全事故。

3.自然灾害等外部因素

自然灾害等外部因素也是导致水利工程安全事故发生的一个重要原因。如洪水、地震、泥石流等自然灾害，以及风、雨、雪等气象灾害，都可能对水利工程设施造成损害，从而导致安全事故的发生。此外，地形、地质条件等自然因素也可能影响水利工程的安全性能。

总之，在水利工程安全事故的成因分析中，运行与维护阶段是一个关键环节。要避免安全事故的发生，就需要加强运行管理，确保维护保养及时，同时关注自然灾害等外部因素的影响，从而保障水利工程的安全运行。

三、水利工程安全事故的调查方法与流程

（一）事故调查方法

1.现场勘查

在这一步骤中，调查人员需要亲临事故现场，通过观察、记录和拍摄等方式，全面了解事故发生的过程、范围、原因和影响。现场勘查的主要目的是获取第一手资料，为后续的资料收集和分析奠定基础。此外，现场勘查还能帮助调查人员发现事故现场存在的潜在风险和隐患，为制定防范措施提供参考。

2.资料收集与分析

在这一步骤中，调查人员需要收集与事故相关的各类资料，如设计文件、施工记录、监理报告、检测数据等。通过对这些资料的深入分析和研究，调查人员可以找出事故发生的根本原因，明确事故的责任主体，评估事故的损失和影响。资料收集与分析的方法包括文字分析、数据挖掘、模型推演等，调查人员应根据实际情况选择合适的方法，确保资料分析的准确性和全面性。

3.专家访谈与研讨会

在这一步骤中，调查人员需要邀请具有丰富经验和专业知识的专家，对事

故进行深入剖析和研讨。通过专家访谈和研讨会，调查人员可以借助专家们的智慧，更准确地判断事故原因、责任主体和处理措施。同时，专家访谈与研讨会还可以为调查人员提供宝贵的意见和建议，这有助于提高事故调查的质量和效率。

（二）事故调查流程

1.事故报告与初步调查

在这一阶段，事故发生后，相关部门应立即上报，详细记录事故发生的时间、地点、涉及人员以及事故的简要情况。同时，组织初步调查，了解事故的基本信息，为后续深入调查奠定基础。

2.事故现场保护与证据固定

对于安全事故调查来说，现场保护尤为重要。调查人员须及时赶到现场，确保现场不被破坏，相关物证、痕迹应得到妥善保存。此外，还要对现场进行拍照、录像等取证工作，以便后续分析研究。

3.事故原因分析与责任认定

在充分收集了现场信息和证据后，调查人员需对事故原因进行深入分析。这可能涉及对工程设计、施工、监理等各个环节的审查。在明确事故原因后，根据相关法律法规和责任制原则，认定相关责任人的责任。

4.调查报告编写与提交

在完成上述工作后，调查人员须将调查结果整理成详细的调查报告。报告应包括事故基本信息、事故发生经过、事故原因分析、责任认定以及对责任人的处理建议等内容。最后，将调查报告提交给相关部门，以便根据报告进行相应的处理和整改。

以上就是水利工程安全事故调查流程的四个阶段，每个阶段都有其独特的任务和要求，任何一个环节的疏漏都可能影响到整个调查结果的准确性。因此，在进行事故调查时，必须严谨、细致、全面。

四、水利工程安全事故的处理措施与建议

（一）事故处理措施

1.紧急处置与救援

在水利工程安全事故发生时，紧急处置和救援是非常关键的环节。首先，应该立即启动应急预案，对事故进行快速评估，确定事故类型、严重程度以及可能的影响范围。其次，采取措施防止事故扩大，如对事故区域进行隔离、停止施工、疏散人员等。同时，立即组织救援队伍，协调各方力量，确保救援人员的安全，并提供必要的救援物资和设备。紧急处置和救援的目标是尽量减少人员伤亡和财产损失，为后续的事故处理和调查提供条件。

2.事故后果的消除与修复

事故后果的消除与修复是事故处理的重要环节。对于已经造成的环境污染和生态破坏，要及时采取措施进行治理和修复，以减轻事故对环境的影响。对于水利工程设施的损坏，应组织专家进行评估，确定修复方案，尽快恢复设施的正常运行。对于事故造成的人员伤亡，要积极做好善后工作，提供必要的医疗救助和生活援助，依法给予赔偿。对于事故造成的财产损失，要尽快进行损失评估，依法给予赔偿。

3.事故责任的追究与处罚

事故责任的追究与处罚是事故处理的重要手段。对于水利工程安全事故，要依法进行调查，查明事故原因和责任。对于事故责任单位和责任人，要按照相关法律法规进行处罚，包括罚款、吊销资质证书、追究刑事责任等。同时，对于在事故处理和调查过程中发现的违法违规行为，也要依法进行处理，确保事故处理的公正性和严肃性。追究事故责任可以起到警示和惩戒的作用，促使水利工程建设各方严格遵守法律法规，提高安全管理水平，防止类似事故再次发生。

总之，水利工程安全事故的处理措施包括紧急处置与救援、事故后果的消除与修复以及事故责任的追究与处罚。这些措施旨在最大限度地减少人员伤亡和财产损失，尽快恢复正常的生产和生活秩序，以及防止类似事故再次发生。在实际工作中，应根据事故的具体情况，采取有针对性的处理措施，确保事故处理和调查工作的顺利进行。同时，要从事故中吸取教训，加强水利工程安全管理，提高安全生产水平，确保人民群众的生命财产安全。

（二）事故处理建议

1.加强安全管理体系建设

为了保证水利工程的安全施工，需要建立完善的安全管理体系，包括安全组织机构、安全管理制度、安全操作规程等。在水利工程建设过程中，应当建立完善的安全组织机构，明确各部门和人员的职责，确保安全生产责任到人。同时，应当设立专门的安全管理部门，负责监督和管理安全工作，及时发现和处理安全隐患。在水利工程安全管理中，需要制定严格的安全管理制度，包括安全生产责任制、安全检查制度、安全教育制度、事故处理制度等。通过这些制度的建立，规范施工行为，提高安全管理水平。在水利工程施工中，需要编制完整的安全操作规程，包括施工前、施工中和施工后的安全操作程序，以及应急处理措施等。通过安全操作规程的执行，确保施工过程的安全可控。在水利工程安全管理中，需要加强安全培训和教育，提高施工人员的安全意识和安全素质。可以通过举办安全培训班、安全知识竞赛等形式，普及安全知识，提高施工人员的安全技能。在水利工程施工过程中，需要建立完善的安全监测系统，对施工现场进行实时监控，及时发现和处理安全隐患。可以通过安装监控设备、定期进行检查等方式，保证施工现场的安全。

2.提高设计与施工质量

水利工程安全事故的预防与处理，离不开设计与施工环节的高质量保障。在水利工程设计与施工过程中，有关各方应严格遵守国家和行业的相关规范，确保工程安全、合规。对于新工艺、新技术的应用，应及时总结经验，制定相应的技术规范和操作规程。设计与施工单位应加强人才引进与培养，打造专业、高效、创新的设计与施工团队。应加强内部培训，提高员工的专业素质和技能水平，以适应水利工程发展的需求。应建立完善的质量管理体系，确保质量控制的全过程覆盖。在设计与施工过程中，应定期开展质量检查与评估，及时发现问题，制订整改方案，确保工程质量符合要求。在确保工程安全、合规的前提下，优化设计与施工方案，降低工程成本，提高工程效益。通过设计优化，合理利用资源，提高工程的使用寿命和安全性。应建立和完善安全生产责任制，明确各级管理人员和工作人员的安全责任。应加强现场安全检查，及时发现并消除安全隐患。若发现重大安全事故隐患，应立即停工整改，确保工程安全。

3.加强运行与维护管理

水利工程安全事故的预防和处理，离不开运行与维护管理。只有加强运行与维护管理，才能确保水利工程安全可靠地运行，防止安全事故的发生。首先，应当建立健全运行与维护管理制度。这包括制定相关法规和规章制度，明确管理职责和权限，规范工作程序和方法，确保运行与维护管理工作的科学化、规范化和制度化。其次，要加强运行与维护管理人员的培训和考核。管理人员应当具备相关的专业知识和技能，能够熟练掌握运行与维护管理的方法和技巧，及时发现和处理问题，确保水利工程的运行安全。此外，还要加强运行与维护管理设备的更新和升级。随着科技的不断发展，新的管理设备和技术不断涌现，运行与维护管理设备应当及时更新和升级，以提高运行与维护管理的效率和水平。最后，应当加强运行与维护管理的监督和评估。通过对管理工作的监督和评估，可以及时发现和纠正问题，提高管理工作的质量和水平，确保水利工程的安全运行。

4.提高应急响应能力

水利工程安全事故应急响应能力对于迅速控制事态发展、减小事故损失具有重要意义。应急预案是应急响应的基础，应结合水利工程特点，针对可能发生的安全事故类型，制定详细的应急预案，明确应急处置流程、责任分工、信息报告和沟通机制等。同时，要定期对应急预案进行更新和修订，确保其具备针对性和实用性。应建立专业化的应急队伍，负责水利工程安全事故的应急处置工作。应急队伍应具备一定的专业技能和救援经验，能够迅速开展救援行动。此外，应急队伍还应定期组织培训和演练，提高队员的应急意识和实战能力。通过技术手段，提高水利工程安全监测的实时性和准确性，对可能发生的安全事故进行预警。同时，建立健全监测预警信息系统，实现信息的快速传递和共享，为应急响应提供及时、准确的信息支持。在水利工程安全事故应急响应过程中，各相关部门和单位要加强协同配合，确保各个环节的无缝衔接。对于涉及跨区域、跨部门的安全事故，应建立健全联动机制，实现资源的优化配置，提高应急响应效率。加强公众对水利工程安全的认识和教育，提高公众的应急意识和自救互救能力。通过各种渠道和方式，普及水利工程安全知识，使公众具备基本的安全意识和应对能力。

5.完善法律法规体系

水利工程安全事故的防范和处理需要依靠完善的法律法规体系。目前，我国已经制定了一系列与水利工程安全相关的法律法规，但在实际应用中仍然存在一些问题，需要进一步完善。首先，应加强法律法规的制定和修订工作。随着水利工程建设的不断推进，新的技术、新的施工方法不断涌现，法律法规也需要不断更新以适应这些变化。同时，对于一些实践中出现的问题，也需要通过法律法规的修订来解决。其次，应加强法律法规的执行力度。在实际建设中，一些单位可能存在违法违规行为，如不按规定进行安全评价、不按设计进行施工等，这些行为严重影响了水利工程的安全。因此，需要加强对法律法规的执行力度，严厉打击违法违规行为，保障水利工程的安全。此外，应加强法律法规的宣传和培训工作。对于施工单位来说，法律法规是进行施工的重要依据，但一些单位对于法律法规的了解程度较浅，导致在实际施工中可能出现违反法律法规的情况。因此，需要加强对法律法规的宣传和培训工作，提高施工单位的法律意识，规范施工行为。

第三章　水利工程施工质量控制
与安全管理案例分析

第一节　水利工程施工质量
控制案例分析

与普通建筑工程项目相比，水利工程项目施工环境更为复杂，整体施工质量控制显得更加困难。因此，应善于总结既往工程项目中的施工经验，把握当前实际施工过程中的质量控制要点，以此来更好地管理工程项目施工现场，促进整体施工质量提升。

一、项目概况

本次选择某水电站的围堰结构施工作为研究对象，该工程项目主要分为 3 个部分：上游围堰、下游围堰以及混凝土围堰。其中，上游围堰、下游围堰主要应用土石围堰结构进行施工。围堰结构在 2017 年 1 月开始施工，从施工开始到结束共用时 24 个月，在此期间修筑围堰防渗墙的整体面积达到 14 800 m^2，在进行防渗墙施工时，将其中的墙体厚度、嵌入基岩深度等都设定为 1 m。在该工程项目中，共投入冲击钻设备 60 台，其中上游 28 台，下游 32 台，机型为保定 ZZ-5 型冲击钻，投入成槽施工之中。在众多设备同时允准工作的情况下，工程的整体施工进度加快，但同时整个工程的施工控制难度也相应增大。

二、案例工程的施工质量控制要点

该工程项目于 2019 年 1 月 10 日针对河道做截流处理，然后针对上、下游围堰开始填筑施工。从施工设计来看，上游围堰在施工时需要达到 615 m 填筑高度，下游围堰在施工时的填筑高度为 602 m。考虑到此次工程项目施工工期较紧，在工程项目中要投入较多数量的冲击钻，同时加强质量控制。具体来看，施工质量控制要把握以下要点：

（一）施工前的质量控制要点

为了确保围堰防渗墙在规定期限内顺利完工，且达到相应的质量标准，在施工前应做好准备工作。

（1）为掌握施工相关的参数信息，及时发现质量隐患，在施工前与承包单位签订的合同中，要求承包商将施工前进行的各项生产性试验参数资料上报，然后安排专门人员对这些参数资料进行核实。

（2）为了避免施工区域实际地质与初期勘查结果不一致，施工单位在施工前应当对相应区域范围内的地质做核实勘测，在勘测中严格按照每 20 m 间距设置一孔，且孔深应入基岩 3～5 m，以此形成对槽段地质的全面了解，并根据勘测结果绘制出槽段轴线剖面图，及时发现与初期勘测结果存在的差异，对施工方案做局部性调整。

（3）施工前安排经验丰富的专业人员对施工方案做全面细致的审查，主要包括现场作业规划、施工机械设备配置、槽段划分等，确保施工安全和施工质量。

（二）施工过程中的质量控制要点

围堰防渗墙的施工过程主要可分为两个环节：造孔和浇筑施工。下面围绕这两个施工环节探讨质量控制要点。

1.造孔质量控制

（1）造孔质量要求。在进行钻孔施工的过程中，首先应加强对孔的倾斜度的控制检查，每钻进 2 m 左右进行 1 次检查，要求倾斜度控制在 4‰内；其次应加强槽段泥浆液位控制，在钻进过程中及时补充泥浆，使泥浆液面始终维持在导向槽下约 30 cm；最后应加强水泥浆液比重控制，结合槽段土质情况做出调整，避免钻进过程出现塌孔现象。

（2）密切监测河水涨落情况。在钻孔施工中加强与区域水文监测中心的联系，及时获取水情预报信息，然后针对水情采取相应的预防措施，避免水情对钻孔质量造成影响。

（3）做好验槽工作。在进入下一道施工工序前，组织参建单位应用各种测量设备对已完工的槽孔做验收工作，保证槽孔的深度、宽度、倾斜度与设计要求相符；检测槽孔底部泥沙含量，保证其厚度在设计允许范围内，如果未达到要求，应对其重新做清槽处理。

2.槽孔混凝土浇筑

（1）槽孔混凝土浇筑质量要求。在完成槽孔验收之后，需要先对浇筑施工方案、浇筑设备、材料等做核对审查，在准备完全后向槽孔内放置导管；放置导管时，应做好导管标高、距槽端距离等参数控制；导管与孔底之间的距离控制在 15～25 cm，导管中心与槽孔端口部位的间距控制在 1 m 以内，多根导管同时浇筑时，导管之间的距离应控制在 3.5 m 以内；在完成槽孔验收之后，如果超过 4 h 未进行混凝土浇筑，则需要对槽孔底部的泥沙含量重新进行检测，在确保其达标之后才能开始浇筑施工；现场浇筑用混凝土，应提前做好随机取样检测工作，如果达不到质量要求，应严禁将其应用到工程中；在浇筑施工中，应注意控制浇筑速度，将浇筑液面上升速度控制在 2 m/h 以上，同时注意提管速度，使导管在混凝土中的埋深保持在 1～6 m，严禁拔出混凝土液面的情况发生；如果在浇筑施工过程中出现特殊情况中断浇筑，应确保中断时间在 30 min 之内，否则应清除重新浇筑。

（2）全过程精细化管理。在浇筑施工中，监理人员应在现场进行跟踪检查，及时发现和记录浇筑施工中存在的质量问题，如果发现浇筑中断、浇筑导管拔出液面，应要求对混凝土浇筑做返工处理。

（三）完工后的质量检测要点

为了保证最终完工围堰防渗墙达到相应的质量标准，应对其做全面的质量检测工作，可通过单孔声波、声波 CT 等技术进行施工质量检测。例如：应用声波 CT 技术进行质量检测，获取围堰防渗墙的深度、厚度、均匀性等参数，然后将其与设计要求比对；应用弹性波技术进行质量检测，获取围堰防渗墙的物理力学参数；开展注水试验，检验围堰防渗墙的渗透性能等。经全面的质量检测工作，本次工程达到设计和规范要求。

本次水利水电围堰工程施工建设最终顺利完工，并在规定期限内验收合格，且从后期运行情况来看，表现出了较为良好的效果。由此可看出，本次工程中所采用的施工质量控制措施在应用中取得了较好的效果。

第二节 水利工程施工安全
管理案例分析

21 世纪以来,中国水电行业迅猛发展,对经济增长起到了推动作用。但水电站工程建设属于高危建筑施工行业,主要包括高边坡开挖支护、洞开挖支护、大型设备安装和拆除、高排架搭设和拆除、大模板安装和拆除、大件吊装等,涉及爆破、高空作业、临时用电、起重吊装等危险性较大的作业,一般参与人员多且密集、施工现场环境条件恶劣、施工工序复杂、环节众多。而且,随着科学技术及社会经济的迅速发展,水电站建设规模、机组容量、施工难度不断增大,给水电站的建设施工带来了许多难点,也为水电站施工埋下了众多的安全隐患,稍有不慎便会发生事故,给水电站建设的安全管理带来了巨大的挑战。水电站建设大多为国家投资项目,一旦发生安全生产事故将会给国家的经济利益带来无法挽回的损失,同时也直接关系到施工企业的前途命运。如何提高水电站施工安全管理水平,预防和减少施工安全事故,是安全管理工作的核心。

一、项目概况

案例项目位于金沙江干流中游末端的攀枝花河段上,坝址位于四川省攀枝花市新庄大桥上游约 1 km 处。案例项目由河床式发电厂房、泄洪闸及挡水坝等建筑组成,正常蓄水位为 1 022.00 m,校核洪水位为 1 025.30 m,相应静库容为 1.08 亿 m³,电站装机容量为 56 万 kW,坝顶总长为 392.5 m,最大坝高为 66.0 m,多年平均发电量为 21.77 亿 kW·h。案例项目的主要开发任务为发电,兼有供水、改善城市水域景观和取水条件及对上游水电站的反调节作用等。水电站采用"左厂右泄"布置格局,即左岸布置鱼道、电站建筑物,右岸布置泄洪、导流设施。

二、水电站建设安全生产的特点

（一）工期紧

案例项目主体工程于 2016 年 9 月开工建设，至 2020 年 7 月首台机组发电。在不到 4 年时间里，要完成边坡开挖、大江截流、基坑开挖、厂坝及安装间混凝土浇筑、闸门安装、机组安装调试等工作，工期十分紧张。

（二）地形地质条件复杂

案例项目地处山高坡陡、地质条件复杂的金沙江干热峡谷地带，施工作业具有点多面广、作业面狭窄、立体交叉作业多等特点，安全生产管理的难度相当大。

（三）参建人员较多

案例项目属重力坝，高峰有近 2 000 人作业，由于场地十分狭窄、作业点多，再加之土建高峰与金结机电安装重叠交叉，现场材料、设备堆放是各种施工作业的安全防护难点。同时，作业队伍人员素质参差不齐，特别是一级作业人员安全防护及自我保护意识淡薄，各种习惯性违章行为时有发生，极大地增加了工程建设的不安全因素。

（四）危险源、危险点多

案例项目两岸边坡陡峭，施工场地狭窄，左右坝肩虽然已处理完，但开口线外仍然较破碎，可能存在滚石风险。汛期有可能会发生暴雨、泥石流、滑坡、坍塌、崩塌、雷暴大风等自然灾害。

场内交通公路等级不高，且弯多坡陡，各种车辆穿行，易发生交通事故；并且道路边坡高陡，雨季易发生滚石，对过往行人、车辆造成安全威胁。在水电站边坡及基坑开挖爆破作业中存在飞石等安全风险，渣车运输任务繁重，交通安全隐患尤为突出。

由于水电站施工点多面广，施工期间会大量设置并使用供风、供排水、供用电系统，并且随施工进度需要及时迁移，因此施工供风、供排水、供用电系统管控难度较大。

案例项目厂坝枢纽范围内共布置了塔机 8 台，门机 3 台，900 t 和 200 t 桥机各 1 台（同轨），400 t 吊 1 台，仓面吊 1 台。大型门塔机设备之间距离较近，安全隐患突出，门塔机之间相互干扰较大，呈平面交错布置、立体交叉的特点，安全问题尤为突出。特种设备作为水电站工程建设施工机械设备的重要组成部分，其安全管理在监理人日常安全管理工作中所占的比重越来越大。

案例项目建设过程中主要涉及的危险化学品为火工材料（炸药、雷管等）、油漆、乙炔、汽油、液氨等，进行探伤作业时会涉及放射性物品。若危险物品管控不到位，将造成不可挽回的损失。

边坡支护需搭设高脚手架，随着边坡开挖进度的深入，支护工作的难度系数不断增大，施工中存在脚手架倒塌风险，威胁施工人员的安全。

水电站混凝土浇筑施工由于施工场地狭窄，起吊运输、脚手架搭设与拆除、模板安装与拆除、金属结构与机电设备安装、混凝土浇筑等存在立体交叉作业、高空作业，客观上增加了安全控制管理的难度。

案例项目地处高山峡谷，电站区域一旦发生森林火灾，将对电站施工场地、输电线路及设备造成极大伤害，如果蔓延到施工现场和生活区，将严重威胁参建人员的人身安全，因此对森林防火必须高度重视。人为原因是导致森林火灾的最主要因素（包括施工爆破、施工用火以及人为火等），另外，森林内易燃物堆积，自燃、雷击等也可能导致森林火灾，防范森林火灾的关键是对水电站施工区域内的人加强管控。

在水电站工程建设中，安全生产是施工管理的重中之重，监理部主要通过落实相关的施工安全管理措施，充分发挥各参建单位的安全管理作用，筑牢工程建设安全生产防线，以确保施工安全。

三、水电站安全监理工作的程序和方法

（一）安全监理工作程序

（1）在开工前参加由业主主持召开的第一次工地会议，进行安全监理工作交底，介绍安全监理工作的内容、基本程序和方法，提出施工安全资料报审及管理要求。

（2）进场后审查各施工单位安全生产管理体系、施工组织设计、专项施工方案、安全费用计划等文件。

（3）开工前审查工程安全条件，施工过程中对施工作业现场实施安全监理，组织召开安全监理例会；每周/月组织或参加安全检查、隐患排查，监督施工单位落实隐患整改。

（4）编写安全监理工作总结，安全监理文件资料归档。

（二）安全监理工作方法

（1）每年初制订年度安全检查计划，按计划做好日常巡视检查、专项检查、综合安全检查并保留记录，对检查过程中发现的事故隐患及时签发相应的事故隐患整改通知单或监理工程师指令，督促承包人进行整改。

（2）按照监理合同约定，对工程的关键部位、关键工序、特殊作业和危险作业、超危大工程实施监督、检查、旁站，并填写旁站记录。

（3）每周/月组织参建各方召开安全监理例会，检查上次例会有关安全事项的落实情况，分析未完成事项原因，检查分析施工安全管理状况，针对存在的问题提出改进措施，解决需要协调的有关事项，安排下周/月安全生产工作任务。

四、水电站工程施工安全管理的措施

（一）认真落实安全生产主体责任

在水电站开工初期，即建立了以业主为主导，设计单位、施工单位为主体，监理单位监督保障的安全管理体系及安全监督体系，成立了由业主、设计单位、监理单位、承包人及其他参建单位共同组成的安全生产委员会，每季度召开一次安委会会议，及时消除现场安全隐患，传达上级主管部门的政策和要求，分析安全形势，布置下一步安全生产任务，对工程建设中的安全生产有关事宜进行协调、监督、检查。各参建单位也成立了安全生产委员会、安全监督网络会等安全管理机构，配置了满足要求的专、兼职安全管理人员。

业主单位与各参建单位每年都签订安全生产责任书，各参建单位内部也签订了安全生产责任书，层层落实各级人员的安全生产责任，发动全体人员齐抓安全管理，做到"全员、全方位、全过程"的安全管理，提高安全管理水平。

（二）深入开展安全检查与隐患排查治理

加强安全检查，开展危险源分析与预控，做到关口前移，防患于未然。每天监理单位、承包方的安全人员进行日常巡查，每周监理单位组织各参建单位进行安全检查，每月业主组织各参建单位进行安全检查，采取形式多样的管控措施，对重点项目、重点部位进行重点监控，加强隐患整改消除力度，将不安全因素消灭在萌芽状态。在安全检查中不断地研究和解决工程建设安全生产面临的新问题、新情况，动态地确定安全工作的重点、难点，对发现的安全问题随时进行整改。

（三）强化安全教育培训与增强安全意识

监理单位督促承包人对进场人员进行岗前安全教育培训，要求进场人员考试合格后方能上岗作业。施工前进行安全交底，班组每天作业前开展班前 5 分钟教育，对当班作业情况、危险源、操作要点进行讲解，通过培训教育增强进场人员的安全意识，提高全员安全知识和技术素质。另外，在施工区悬挂安全生产宣传标语，在休息室张贴安全挂图，组织"安全生产月"活动等，通过开展各式各样的安全生产活动，营造浓厚的安全生产氛围。

（四）安全监理工作案例及监理成效分析

在案例项目安全监理工作中，因安全生产主体责任落实到位、安全管理体系健全、隐患排查治理工作扎实，多次避免了安全事故发生。安全监理单位在2016 年 7 月 23 日上午安全巡查中发现左岸正在支护的边坡出现裂缝，及时向承包方下发整改通知，要求对其进行监测并撤离作业人员，第二天边坡发生垮塌，砸坏了支护脚手架。由于承包方及时执行了监理指令，提前撤离了作业人员，未造成人员伤亡安全事故。通过参建单位共同努力，案例项目近 4 年的工程建设中未发生安全生产责任事故，圆满地完成了安全生产目标，充分说明了安全监理工作的有效性。

五、各参建单位在施工安全管理中的作用

（一）建设单位的主导地位

建设单位是水电站工程建设的投资主体，在建设活动中处于主导地位，具备组织、协调、监督、服务等职责，具体如下：科学组织、指挥、协调承包单

位安全文明施工；督导监理单位依法履行安全监理职责；要求设计单位在设计文件中对涉及施工安全、环境破坏不利因素的重点部位和环节进行注明，对生产安全事故、环境破坏的预防提出指导意见。建设单位应抓好各标段、各单位之间的协调工作，做好监理单位、设计单位的管理工作，为各参建单位创造良好的外部环境，团结和带领各参建单位同心协力，共同推进工程安全建设。

（二）设计单位的龙头作用

设计单位应加强与监理单位、施工单位的沟通，做到现场设计问题及时反馈、及时沟通、及时解决。在确保重大设计方案和招标文件质量的同时，提高设计工作的前瞻性和超前性，在设计中应充分考虑施工的便捷性和安全性，为工程建设安全保驾护航。

（三）施工单位的主体作用

施工单位是工程建设的主体，各项工程均要靠施工单位来具体实施。在工程建设过程中，施工单位要充分利用本单位丰富的水电施工管理经验和高素质的技术与管理人才，发挥自身的主动性和积极性，充分体现出其在工程建设中的主体作用。

（四）监理单位的保障作用

建设单位应按照"大监理、小业主"的管理模式充分授权监理单位，建立和完善监理管理制度，在安全、质量等方面加强监督。监理单位应按照合同要求对工程建设进行全方位管理，在工作中敢于坚持原则，敢于承担责任，树立监理管理威信，提高工作水平，充分体现监理的保障作用。

第三节　实际工程中的质量控制
与安全管理应用

在水利工程施工中，施工质量好坏与安全管理效果关系着工程的使用寿命及成本。施工技术人员要对每个环节严格把关，对每道工序都要认真负责，做到工程与人紧密相连，这样才能很好地完成任务。

一、项目概况

某水电站拦河坝以上流域面积为 899 km²，多年平均流量为 18.5 m³/s，河长 77.9 km，河道加权平均比降为 11.6‰，厂址处流域面积为 918 km²，河长 82.2 km，河道加权平均比降为 11.5‰，流域形状系数为 0.136。水电站所在习水河属于典型的雨源型山区河流，多年平均降水量为 1 101 mm，实测最大日暴雨量为 181.2 mm。流域属一般暴雨区，一般 5 月入汛，10 月结束，大量级暴雨主要发生在 5～8 月，暴雨具有雨量多、强度大、历时短的特点，且主要集中在 24 h 以内。某拦河坝以上流域悬移质多年平均输沙模数取 300 t/km²，则泥沙悬移质多年平均输沙量为 26.97 万 t（合 20.7 万 m³），多年平均含沙量为 0.416 kg/m³。

水电站地处贵州高原黔北山地向四川盆地过渡地带，总体地势东高西低，流域海拔多在 200～1 200 m。地貌受地层岩性及构造控制，地表侵蚀作用强烈，河流深切，一般切割深度为 200～700 m。工程区内出露的岩石主要为浅灰-灰紫色厚层及块状长石质石英砂岩、紫红色泥岩、粉砂质泥岩等，裂隙以构造为主，地下水为基岩裂隙水和松散堆积层孔隙水。

该水电站拦河坝正常水位为 325.5 m，设计洪水位为 332.28 m，设计最大下泄流量为 1 490 m³/s，拦河坝下游设计洪水位为 332.02 m，校核洪水位为 335.09 m，最大下泄流量为 2 570 m³/s，拦河坝下游洪水位为 334.78 m。

二、施工质量管理

项目部建立的质量保证体系主要包括三个方面的内容：①思想保证体系；②组织保证体系；③施工过程的保证体系。

联合体项目部在思想保证体系方面主要是树立全体施工人员的质量意识，让全体员工都认识到"质量是企业的生命"，牢固树立"百年大计，质量第一"的思想。在组织保证体系方面，坚持工程施工项目经理责任制，项目经理对工程项目施工质量负总责；建立健全工程施工岗位责任制，做到工程质量齐抓共管，上下一体、人人有责；建立健全工程施工质量保证的组织机构，设置为：联合体质量管理委员会→工程项目经理→工程项目处质检科→工程项目处专职质检员→施工班组专职质检员。

施工过程的保证体系主要分为四个阶段：

（1）施工准备阶段。完成图纸审查，制定质量保证措施，编制施工方案，准备材料、设备工具等，其中制定质量保证措施尤为重要。

（2）技术交底阶段。严格执行书面交底，编写操作工艺，分级交底，以及实行上道工序补救措施。

（3）施工过程阶段。严格实行施工质量"三检制"，按照水利工程质量检测与控制规程规范、单元工程质量等级评定标准、水利工程验收规程等严格执行，配备必要的质量检测设备和仪器，提供计量保证和真实可靠的数字依据。

（4）交付使用阶段。实行工程使用保修制度，并组织回访考察，获得检验工程施工质量的第一手资料。

三、具体的施工质量保证措施

（一）施工准备中的质量保证措施

工程项目开工前组建项目经理部，选派水利水电专业的各类技术人员和各工种技术工人参加工程施工，项目总工组织编制工程项目质量计划，配置了能满足工程施工强度、精度要求的各种机械设备、工器具以及检验试验和测量用的仪器设备，迅速完成临建工程施工，做好人员、机械准备工作。

项目总工程师组织技术部、质量管理部、检测试验室、测量队等部门技术人员认真研究设计图纸，编制详细的施工组织设计方案，对复杂结构和关键部位制定详细、严密的施工技术措施，在规定时间内报监理工程师审批，做好技术准备。

采购部门根据设计图纸要求，对工程设备、材料做好市场调查，掌握设备、材料的来源及其质量情况，编制采购计划并报监理工程师审核，同时采购、贮存部分开工即需材料。

试验室做好材料取样试验、混凝土和砂浆配合比设计、钢筋及钢材检验，并将试验成果报监理工程师审批执行。

测量队根据设计图纸进行测量复核，建立控制网及分部分项工程的测量放样。

施工前，技术人员把操作规程、施工技术措施及施工要求向施工操作人员进行交底。

施工机械设备及机具投入使用前检修完好，按规定保养维修，确保其正常使用，不因机械故障而影响工程施工质量。

对一定时段内须连续施工的工程尤其是混凝土浇筑，检查并保证材料储备和施工设备、机具配置数量满足计划时段连续施工的需要。

校核试验设备的性能和精度是否满足施工测试、控制和鉴定的需要。

（二）施工过程中的质量保证措施

依据工程项目质量计划，项目经理部质量管理领导小组对工程施工质量实施计划、组织、落实、检查、监督和管理，项目部各部门、各人员严格履行质量职责，实施全面质量管理，确保工程施工质量。

严格执行国家和水利部颁布的有关规程、规范、技术标准、验收标准，科学组织、严密施工。

针对复杂部位、关键部位、关键工序和关键工艺制定专项施工技术措施并报监理工程师批准执行。

贯彻技术交底制度，每道工序开工前，先交底后施工，不经技术交底，不明确工艺及质量要求，不准施工。

分部分项工程施工前必须进行测量放样，施工过程中随时进行复核，测量人员全天候为施工服务，确保建筑物结构稳定。

每一工序和单元工程完成后，必须经施工班组自检、作业队质检员复检、专职质检员检查验收，最后由质检工程师配合监理工程师验收。

结合施工开展 TQC（total quality control，全面质量控制）小组活动，推行全面质量管理，不断改进工艺，推进新技术、新成果，提高施工技术水平。

开展经常性质量评比活动，奖优罚劣，促进质量的提高。做好天气预报分析，作为安排生产的依据，确保施工质量。在施工过程中配备必需的防雨、防晒物资，确保工程质量不受天气影响。

配备足够的排水设施，排除工作面积水，保证施工环境；保持加工间和制作场内、外及现场工作面环境清洁卫生，开展文明施工；配备足够容量和数量的照明电源、器具，确保夜间施工有足够亮度。

四、质量控制程序和试验检测

（一）质量控制程序

合同工程所有材料、设备、施工工艺和工程质量的检验和验收均按招标文件技术条款及国家和行业颁发的技术标准、规程、规范执行。在合同执行过程中，如国家颁布的标准和规程、规范更新时，则执行最新版本。施工中还应严格遵守监理工程师制定的施工测量、质量控制、竣工验收等管理办法和管理规定。

（二）试验检测

试验检测工作是保证质量不可缺少的重要手段，产品质量的优劣是通过试验检测确定的，因此必须设置完善的检验机构，建立现场试验室，并配备满足工程需要的各项试验检测仪器设备和检测人员，用试验数据指导施工。试验室的主要工作范围如下：

（1）对工程使用的钢筋、钢材、水泥、砂石骨料等原材料，在进场及使用前，按照合同技术条款以及相应的规程规定进行取样检验，经检验合格方可使用。

（2）对施工中所需的各种混凝土，在施工前均应根据各部位混凝土浇筑的施工方法及性能要求，进行混凝土和砂浆配合比设计试验，确定最优配合比。

（3）混凝土拌制过程中根据砂石骨料含水率的变化及时调整配合比，并按规范要求进行混凝土及砂浆现场取样检验，确保对混凝土和砂浆拌和质量的有效控制。

（4）根据合同技术条款的规定和监理工程师的指示，对常态混凝土料等进行现场工艺试验，编制现场试验报告并报送监理工程师审批。

总之，水利工程施工项目的质量与安全是工程建设的核心，是决定工程建设成败的关键。安全为了生产，生产必须安全，"质量是根本，安全是保证"。在工程施工管理中，安全和质量是相辅相成、相互统一的。安全为质量服务，质量以安全作保证。

第四节　水利工程典型案例的反思与启示

一、实践方法和措施

水利工程施工质量安全管理实践是水利工程建设项目中不可或缺的一部分。为了确保水利工程施工质量，需要采取一系列实践方法和措施，从而提高工程质量，确保工程安全。

（一）建立健全组织机构和责任制

在水利工程施工过程中，建立健全组织机构和责任制是提高工程质量和安全的关键。施工单位应设立专门的质量安全管理部门，明确各部门和人员的职责，确保各项工作有专人负责。

（二）制订合理的施工方案

施工方案是水利工程施工质量安全管理的基础。施工单位应根据工程特点和施工条件，制订科学合理的施工方案，明确施工过程中的质量安全控制措施，确保工程质量符合标准要求。

（三）严格检查检验原材料和构配件

原材料和构配件的质量直接影响水利工程的安全性和耐久性。施工单位应建立严格的材料进场检查制度，对原材料和构配件进行严格的检查检验，不合格的材料严禁进场使用。

（四）落实施工技术交底

施工技术交底是确保施工质量安全的重要环节。施工单位应按照施工方案和技术标准，对施工人员进行详细的技术交底，确保施工人员了解并掌握施工要求。

（五）加强过程控制

过程控制是水利工程施工质量安全管理的核心。施工单位应加强施工过程中的巡查、旁站和抽检，及时发现和处理质量安全问题，确保工程质量符合标准要求。

（六）严格执行工序交接检查

工序交接检查是确保施工质量的重要环节。施工单位应按照施工方案和质量标准，对工序交接进行检查，确保施工质量得到有效控制。

（七）加强质量验收和竣工验收

质量验收和竣工验收是水利工程施工质量安全管理的最后环节。施工单位应按照验收标准和要求，做好质量验收和竣工验收工作，确保工程质量达到规定要求。

二、实践效果和评价

（一）从水利工程施工质量方面来看

实施质量安全管理实践后，项目整体的施工质量得到了显著提升。具体表现在：

（1）工程设计质量得到保障。在施工前，通过严格的质量审查和设计优化，确保了工程设计方案的合理性和科学性，避免了因设计问题导致的施工质量问题。

（2）施工材料质量得到控制。在施工过程中，对施工材料的质量进行严格把关，确保所有材料都符合设计要求和行业标准，从而减少了因材料问题导致的质量问题。

（3）施工工艺得到改进。通过不断优化施工工艺和技术，提高了施工质量，减少了施工过程中的质量隐患。

（二）从水利工程施工安全管理方面来看

实施质量安全管理实践后，项目整体的安全水平得到了明显提升。具体表现在：

（1）安全意识得到提高。通过培训和教育，所有参建人员充分认识到安全生产的重要性，提高了安全意识。

（2）安全管理制度得到完善。建立健全了安全生产责任制度、安全检查制度、安全事故应急预案等，为安全管理提供了制度保障。

（3）安全事故得到有效控制。通过实施安全风险评估、安全巡查、安全专项检查等措施，降低了安全事故的发生率，保障了施工现场的人员安全。

三、实践经验总结和推广

水利工程施工质量安全管理实践是水利工程建设中不可或缺的一部分，通过实践经验的总结和推广，我们可以不断提高水利工程施工质量安全管理水平，确保水利工程建设的顺利进行。

（一）加强施工质量安全管理的组织与协调

在水利工程施工过程中，应建立健全施工质量安全管理体系，明确各部门和人员的职责与分工，确保各项工作协调、高效地进行。同时，加强与相关部门的沟通与协作，形成合力，共同推进水利工程施工质量安全管理。

（二）完善质量安全管理制度和规章制度

结合水利工程施工特点，制定和完善质量安全管理制度和规章制度，规范施工行为，确保施工质量安全。同时，加强对制度执行情况的监督检查，确保各项制度措施落实到位。

（三）提高施工质量和安全生产水平

积极引进和推广新技术、新工艺、新材料，同时加强对施工人员的技术培训，提高其业务素质和安全意识，从而提高水利工程的施工质量和安全生产水平。

（四）加强施工现场管理和监督检查

加强对施工现场的巡查和监控，及时发现和消除安全隐患，确保施工安全。同时，加大对质量问题的查处力度，严肃追究责任，确保水利工程施工质量的提高。

（五）建立健全质量安全风险预警机制

通过对水利工程施工过程中可能出现的质量安全风险进行识别、评估和预警，建立健全质量安全风险预警机制，提高施工质量安全管理水平，确保水利工程建设的质量安全。

（六）深入开展质量安全教育和文化活动

加强质量安全教育和文化建设，提高全体人员的安全意识，使质量安全观念深入人心。通过举办各类质量安全活动，营造良好的质量安全氛围，促进水利工程施工质量安全管理水平的提升。

第四章　水利工程施工质量控制
与安全管理的依据

第一节　国家及地方相关法规与政策

一、水利工程施工相关国家法规

（一）水利工程建设的基本法律依据

1.《中华人民共和国水法》

《中华人民共和国水法》（以下简称《水法》）是我国第一部关于水资源管理的综合性法律，于 1988 年 7 月 1 日起施行。该法共分八章，包括总则，水资源规划，水资源开发利用，水资源、水域和水工程的保护，水资源配置和节约使用，水事纠纷处理与执法监督检查，法律责任和附则。

《水法》明确了国家对水资源实行统一领导、分级管理的原则，确立了水资源开发、利用、保护、节约和管理的基本制度和政策。同时，《水法》还明确了水资源的权属，规定对于国家所有水资源，单位和个人只有使用权。

2.《中华人民共和国防洪法》

《中华人民共和国防洪法》（以下简称《防洪法》）于 1998 年 1 月 1 日起施行，旨在防御和减轻洪水灾害，保护人民生命财产安全，保障国家经济安全和社会稳定。该法共分八章，包括总则、防洪规划、治理与防护、防洪区和防洪工程设施的管理、防汛抗洪、保障措施、法律责任和附则。

《防洪法》明确了防洪工作的基本原则是"预防为主，防治结合"，规定了防洪工作的组织体系和各级政府的防洪责任。同时，《防洪法》对防洪工程设施的建设、管理和保护作出了详细规定，明确了防洪工程的规划、设计、施工、验收等各个环节的要求。

3.《中华人民共和国河道管理条例》

《中华人民共和国河道管理条例》（以下简称《河道管理条例》）于 1988 年 6 月 10 日发布，并自发布之日起施行，旨在加强河道管理，保护和合理利用河道资源，防止和减轻洪涝灾害，保障国家经济安全和社会稳定。该条例共分七章，包括总则、河道整治与建设、河道保护、河道清障、经费、罚则和附则。

《河道管理条例》明确了河道管理的基本原则和制度，规定了各级政府和有关部门在河道管理中的职责。同时，《河道管理条例》对河道的保护、利用、整治和建设等作出了详细规定，明确了河道的管理范围和保护范围，禁止在河道管理范围内进行影响河道行洪、排涝、灌溉、水资源利用和保护的活动。

（二）水利工程施工许可制度

1.施工许可的申请和审批

在我国，水利工程施工许可制度是确保水利工程安全、环保、合规施工的重要手段。施工许可的申请和审批是这一制度的关键环节。首先，施工许可的申请应由施工单位向项目所在地县级以上的水行政主管部门提出，申请材料应包括施工方案、施工图纸、施工单位和监理单位资质证明等。水行政主管部门在收到申请后，应在规定的时间内进行审查。其次，审批环节是施工许可制度的核心。水行政主管部门应根据相关法律法规、施工方案、施工图纸等内容进行审批，审批的主要内容包括施工是否符合国家法律法规和技术标准、施工是否会对周边环境产生不良影响、施工单位和监理单位是否具备相应资质等。

2.施工许可的相关规定和要求

水利工程施工许可制度对施工许可的申请和审批提出了明确的规定和要求。首先，施工许可的申请和审批应遵循公开、公平、公正的原则，任何单位和个人不得非法干预。其次，施工许可的申请和审批应在规定的时限内完成，水行政主管部门不得无故拖延。再次，施工许可的申请和审批应严格按照法律法规和技术标准进行，任何单位和个人不得违反法律法规和技术标准施工。最后，施工许可的申请和审批应注重环境保护，确保施工过程中不对周边环境产生不良影响。总的来说，施工许可的申请和审批应严格按照法律法规进行，以保障水利工程的安全。

二、各地水利工程施工的优惠政策

（一）税收优惠政策

为了促进水利工程施工，各地政府纷纷出台了一系列税收优惠政策。例如，对于从事水利工程施工的企业，政府可以给予一定的税收减免，或者对于新设立的从事水利工程施工的企业，可以给予一定的税收优惠。此外，对于购买水利工程施工所需的关键设备，政府也可以给予一定的税收减免，以降低企业的成本，提高企业的竞争力。

（二）用地优惠政策

由于水利工程施工往往需要大量的土地，因此各地政府也出台了用地优惠政策。例如，对于水利工程施工所需的土地，政府可以给予优先审批，并且可以给予一定的土地使用权优惠。此外，对于水利工程施工所需的临时用地，政府也可以给予一定的优惠，以降低企业的成本。

（三）融资优惠政策

为了促进水利工程施工，各地政府也出台了融资优惠政策。例如，对于从事水利工程施工的企业，政府可以给予一定的贷款优惠，或者对于新设立的从事水利工程施工的企业，可以给予一定的融资支持。此外，政府也可以设立专项基金，为从事水利工程施工的企业提供资金支持，以促进企业的发展。

总的来说，各地政府为了促进水利工程施工，纷纷出台了一系列的优惠政策，包括税收优惠、用地优惠和融资优惠等。这些优惠政策对于从事水利工程施工的企业来说，无疑提供了很大的支持，也为企业的发展提供了良好的环境。

三、水利工程施工的环保要求

（一）水利工程施工对环境的影响

1.土地利用性质变化

水利工程施工需要大量的土地资源，包括施工营地、临时道路、弃土场等，这些土地在施工期间会经历大量的挖掘、填筑等工程活动，导致土地利用性质改变。在施工结束后，需要对土地进行恢复治理，以减少对土地资源的占用和破坏。

2.水资源影响

水利工程施工会改变水文条件，如水位、水流、水温等。例如，水电站建设会拦截河流，形成水库，对上下游水文条件产生影响。这种影响可能对河流生态系统、沿岸居民生活、农业生产等产生一定程度的不利影响。

3.生态环境影响

水利工程施工会对周围的生态环境产生影响，包括植被、土壤、动物栖息地等。例如，水库建设会淹没原有的植被和动物栖息地，导致生物多样性的减弱；开挖、填筑等施工活动会改变土壤性质，影响土壤肥力和生产力。

4.空气污染

水利工程施工过程中，土方挖掘、运输等环节会产生大量的扬尘，对空气质量造成影响。此外，施工营地的生活燃料燃烧也可能产生一定程度的空气污染。

5.噪声污染

水利工程施工过程中，挖掘机、装载机、混凝土搅拌机等施工设备会产生较大的噪声，对周围居民的生活产生影响。

6.社会环境影响

水利工程施工可能会导致周边交通拥堵、安全隐患增加等问题，对居民出行和生活造成不便。同时，施工期间可能会产生大量的废弃物，如建筑垃圾、生活垃圾等，对环境卫生造成影响。

为了减小水利工程施工对环境的影响，需要在施工前进行充分的环境评估，制定相应的环保措施，并在施工过程中加强监管，确保环保措施的落实。同时，施工结束后需要对受影响的环境进行恢复治理，以实现可持续发展。

（二）环保法律法规对水利工程施工的要求

随着社会经济的快速发展，环境保护已经成为全球关注的焦点。在我国，水利工程是基础设施建设的重要组成部分，而环保法律法规对水利工程施工的要求也越来越严格。

1.严格遵守环保法律法规

在进行水利工程施工时，首先要严格遵守国家及地方的环保法律法规，包括《中华人民共和国环境影响评价法》《中华人民共和国水污染防治法》《中华人民共和国大气污染防治法》等一系列与环境保护相关的法律法规。施工单位应在项目前期进行充分的环境评估，确保施工过程中对环境的影响降到最低。

2.注重施工方案中的环保设计

在水利工程施工过程中，施工方案的环保设计是关键环节。施工单位应根据工程特点和环保要求，制订具体的施工方案，包括施工方法、施工时间、施工地点等。在方案设计中，要充分考虑生态保护、水资源保护、土壤保持等方面的要求，确保施工过程中对环境的影响降到最低。

3.建设环保设施并加强其运行管理

为了降低水利工程施工对环境的影响，施工单位应建设相应的环保设施，如污水处理设施、噪声污染防治设施等。同时，要加强环保设施的运行管理，确保设施正常运行，发挥预期效果。

4.落实环保责任制

在水利工程施工过程中，要落实环保责任制，明确各级环保责任人，加强环保工作的监督和检查。对不按规定实施环保工作的施工单位，要依法追究责任，确保环保法律法规得到落实。

5.加强环保宣传教育

施工单位要加强环保宣传教育，提高员工的环保意识，使每个员工都认识到环保工作的重要性。通过培训、宣传等方式，使员工熟练掌握环保法律法规和施工要求，形成良好的环保工作氛围。

总之，环保法律法规对水利工程施工的要求是多方面的，施工单位要在严格遵守法律法规的基础上，加强环保设计、建设和管理，落实环保责任，提高员工的环保意识，确保施工过程中对环境的影响降到最低。只有这样，才能实现水利工程与环境保护的协调发展。

（三）水利工程施工中的环保措施

1.生态保护措施

在水利工程施工过程中，生态保护措施是至关重要的。首先，施工前应对施工现场的生态系统进行全面调查，了解当地的生态环境和生物种类，以便制定有针对性的生态保护措施。其次，在施工过程中，应尽量减少对周围生态环境的破坏，如对植被、水源、土壤和地形等进行保护。最后，施工结束后，应及时对受损的生态系统进行修复和改善，提高生态系统的自我修复能力。

2.水土保持措施

为了防止水利工程施工过程中出现水土流失现象，需要采取一系列的水土保持措施：一是施工前要对土壤进行改良，提高土壤的抗冲性；二是合理设计施工方案，尽量减少土方工程量，减轻施工对地表土壤的破坏；三是施工过程中要加强对地表植被的保护，避免过度破坏植被，提高地表抗冲性；四是采取水土保持工程措施，如建设护坡、挡墙、排水渠等，以减少水土流失；五是加强施工过程中的水文观测，及时采取应对措施，防止由于降雨等天气原因引发水土流失。

3.污染防治措施

水利工程施工过程中，污染防治措施是保障环境质量的关键。首先，要对施工废水进行处理，确保其达标排放，减少对周边水环境的污染。其次，要对施工过程中产生的固体废物进行分类收集和处理，防止对土壤和地下水造成污染。最后，还要加强对施工噪声和扬尘的控制，确保将施工过程中对周边环境的影响降到最低。

第二节　水利工程施工质量控制
与安全管理的相关标准

一、水利工程施工质量控制标准

（一）国家标准

国家标准是经过国家相关部门制定、发布，具有普遍约束力和权威性的技术规范。在水利工程施工中，国家标准的制定和执行对于保障工程质量、推动技术进步、提高施工效益具有重要意义。我国现行的水利工程施工质量控制国家标准主要包括以下几个方面：

1.工程勘察设计标准

工程勘察设计是水利工程施工的基础，国家标准对于工程勘察设计提出了一系列详细的要求，包括勘察设计的基本原则、工作程序、内容、方法、成果要求等。

2.施工技术标准

施工技术标准主要包括施工工艺、施工方法、施工材料、施工设备等方面的技术要求。这些标准对于保证施工质量、提高施工效率、降低施工成本具有重要意义。

3.工程质量验收标准

工程质量验收是水利工程质量控制的重要环节，国家标准对于工程质量验收提出了明确的要求，包括验收程序、验收方法、验收标准、验收组织等。

4.工程安全标准

工程安全是水利工程施工中的重要问题，国家标准对于工程安全提出了明确的要求，包括施工现场安全、工程运行安全、事故应急预案等。

5.环境保护标准

水利工程施工对于环境的影响较大，国家标准对于环境保护提出了明确的要求，包括施工现场环境保护、工程运行环境保护、生态修复等。

总之，国家标准在水利工程施工质量控制中起到了重要作用。施工单位、监理单位和建设单位等各方应严格遵守国家标准，确保水利工程施工质量。同时，国家标准应随着水利工程施工技术的进步不断完善，以适应水利工程发展的需要。

（二）地方标准

在水利工程施工质量控制标准中，地方标准是一个重要的组成部分。地方标准是由地方政府或地方标准化组织根据本地实际情况和需要制定的具有地方特色和可操作性的标准。在水利工程施工中，地方标准的制定和实施对于保障工程质量、推动地区经济发展和满足人民群众需求具有重要作用。

首先，地方标准有利于保障水利工程施工质量。地方标准根据本地的地形、地质、气候等特点，对施工过程中的技术要求、施工方法、质量验收等进行详细规定，有利于指导施工单位规范施工，保证施工质量。同时，地方标准还可以针对本地的特殊需求，对施工材料、设备等进行规定，从而降低因材料不合格、设备不适用等问题导致的工程质量问题。

其次，地方标准有助于推动地区经济发展。水利工程是地区经济发展的重要基础设施，地方标准可以保障水利工程的顺利建设，为经济建设提供有利条件。此外，地方标准还可以带动本地区相关产业的发展，如施工材料生产、设备制造等，形成产业链，促进地区经济发展。

最后，地方标准能够满足人民群众的实际需求。地方标准充分考虑本地区人民群众的需求，制定的标准更贴近实际，有利于提高人民群众的生活水平。例如，地方标准可以针对本地区的用水需求、灌溉需求等，对水利工程的设计和施工提出具体要求，保证水利工程能够更好地服务于人民群众。

　　总之，在水利工程施工质量控制标准中，地方标准具有重要地位和作用。通过制定和实施地方标准，可以保障工程质量，促进地区经济发展和满足人民群众需求。应根据本地实际情况和需求，积极推进地方标准的制定和实施，为水利工程质量控制提供有力支持。

二、水利工程施工安全管理标准

（一）国家标准

　　在水利工程施工安全管理标准中，国家标准是至关重要的一个方面。我国针对水利工程施工安全制定了一系列的国家标准，这些标准对于保障水利工程施工的安全、提高工程质量具有重要的指导作用。

　　1.《水利水电工程施工安全管理导则》

　　《水利水电工程施工安全管理导则》（SL 721—2015）是我国水利工程施工安全管理的基础性文件。该导则明确了水利工程施工安全管理的总体目标、基本原则和要求，规定了施工安全管理体系、安全管理制度、安全技术措施、安全培训等方面的内容。

　　2.《水利工程施工监理规范》

　　《水利工程施工监理规范》（SL 288—2014）是对水利工程施工监理工作的规范化要求。该规范明确了水利工程施工监理的工作目标、监理依据、监理内容、监理方法和程序等方面的要求，对于保障水利工程施工安全具有重要意义。

　　3.《危险性较大的分部分项工程安全管理规定》

　　《危险性较大的分部分项工程安全管理规定》包含了水利工程中危险性较大的分部分项工程的安全管理要求。这些工程通常涉及深基坑、高边坡、高大模板、起重吊装等危险性较大的施工作业，需要严格遵循相关安全规定，确保工程施工安全。

4.《水利工程建设重大质量与安全事故应急预案》

《水利工程建设重大质量与安全事故应急预案》为水利工程建设过程中可能发生的重大质量与安全事故提供了应对措施和处置程序。根据事故的类型和等级，预案分别规定了相应的应急响应措施和救援程序，为水利工程施工安全管理提供了有力的保障。

5.《水利安全生产标准化评审管理暂行办法》

《水利安全生产标准化评审管理暂行办法》规定了水利安全生产标准化的评审原则、评审程序、评审方法和评审要求等内容。该办法旨在通过推动安全生产标准化的实施，提高水利工程施工安全管理水平，防止生产安全事故的发生。

总之，我国已经制定了一系列针对水利工程施工安全管理的标准。这些标准为水利工程施工安全管理提供了明确的指导，对于保障工程施工安全、提高工程质量具有重要意义。在实际工作中，各级水利工程施工管理部门应严格按照国家标准的要求，加强施工安全管理，确保工程安全。

（二）地方标准

在水利工程施工安全管理标准中，地方标准是非常重要的一部分。地方标准是由地方政府或相关部门根据本地实际情况和需要制定的具有法律效力的技术规范。在水利工程施工安全管理中，地方标准对于保障工程质量和安全具有重要作用。

首先，地方标准可以弥补国家标准的不足。由于全国各地的地质、气候、水文等条件存在差异，国家标准可能无法完全适应本地实际情况。地方标准可以根据本地的特殊情况，对国家标准进行细化和补充，提高标准的适用性和可操作性。

其次，地方标准可以促进水利工程施工安全管理水平的提高。地方标准通常会比国家标准更加严格和细致，可以促使施工单位采取更高级别的安全措施，提高安全管理水平。同时，地方标准还可以推动施工技术的创新和进步，促进施工方法的改进和优化，提高施工质量和效益。

最后，地方标准可以增强地方政府的监管能力。地方标准是地方政府或相关部门根据本地实际情况制定的，具有很高的权威性和可信度。通过地方标准的实施，可以加强对施工安全的监管，确保施工单位遵守安全法规和标准，提高安全管理水平。

总之，地方标准在水利工程施工安全管理中具有重要作用。地方标准不仅可以弥补国家标准的不足，提高标准的适用性和可操作性，还可以促进水利工程施工安全管理水平的提高，增强地方政府的监管能力。因此，应加强对地方标准的制定和推广，为水利工程施工安全管理提供更加完善的标准体系。

第三节　水利工程质量管理体系的认证与实施

一、水利工程质量管理体系概述

水利工程质量管理体系是指在水利工程建设过程中，通过建立一套完整、科学、合理的管理制度，以确保工程质量满足规定要求的一种管理体系。该体系主要涉及项目法人（建设单位）、监理单位、设计单位、施工单位等的质量管理职责和任务，以及政府部门的监督职能。其目的是提高水利工程的建设质量，保障人民群众的生命财产安全，促进经济社会的可持续发展。

水利工程质量管理体系主要包括以下几个方面：

（1）组织结构。明确项目法人（建设单位）、监理单位、设计单位、施工单位等的职责和权限，建立有效的组织协调机制，确保各参建单位协同工作，共同推进项目进展。

（2）管理制度。制定一系列质量管理措施，包括工程质量标准、质量控制程序、质量检查验收制度等，确保工程质量管理的规范化和制度化。

（3）人员素质。提高质量管理人员的业务素质和职业道德，加强培训和教育，确保质量管理队伍具备专业能力和责任心。

（4）技术支持。采用先进的质量管理模式和管理手段，推广先进的科学技术和施工工艺，依靠科技进步，提高工程质量。

（5）质量监督。加强政府部门对水利工程质量的监督，充分发挥质量监督机构的作用，加强对工程质量的检查、评估和验收，确保工程质量满足规定要求。

二、水利工程质量管理体系的认证

水利工程质量管理体系的认证是指通过对水利工程建设过程中的质量管理措施、组织结构、管理制度、人员素质、技术支持等方面的审核，确认其符合相关质量管理体系标准要求的一种活动。通过质量管理体系认证，可以提高水利工程的质量管理水平，降低工程风险，提升参建单位的竞争力，为我国水利事业的发展提供有力保障。

水利工程质量管理体系的认证主要包括以下几个步骤：

（1）认证申请。项目法人（建设单位）或相关参建单位向认证机构提出认证申请，并提供相关材料。

（2）体系审核。认证机构对申请单位的水利工程质量管理体系进行文件审查和现场审核，以确认其符合质量管理体系标准要求。

（3）审核报告。认证机构出具审核报告，对审核结果进行总结，并提出整改意见和建议。

（4）认证决定。认证机构根据审核报告，对符合质量管理体系标准要求的单位作出认证决定，并颁发认证证书。

（5）监督审核。认证机构对获得认证证书的单位进行定期监督审核，以确保其质量管理体系的持续有效运行。

（6）复评认证。认证证书有效期届满时，认证机构对获得认证证书的单位进行复评认证，以确认其质量管理体系仍然符合标准要求。

三、水利工程质量管理体系的实施

水利工程质量管理体系的实施是确保工程质量的关键环节。实施过程中要做好以下几个方面的工作：

（一）制订详细的实施计划

实施计划是质量管理体系运行的基础，需要结合水利工程的特点和实际状况，明确实施过程中的目标、任务、责任主体和具体措施。实施计划应当包含质量管理的方针、目标、组织结构、职责分工、工作程序、资源配置等内容，以确保实施过程的顺利进行。

（二）加强人员培训

水利工程质量管理体系的实施需要依靠高素质的人员。因此，应当加强对管理人员、工程技术人员和操作人员的培训，提高其质量管理意识和能力。培训内容应当包括质量管理知识、质量管理体系要求、水利工程相关法律法规、技术标准和操作技能等。

（三）完善质量管理流程

质量管理流程是实施质量管理体系的核心，需要结合水利工程的特点和实际状况，制定科学合理的质量管理流程。质量管理流程应当包括质量计划编制、质量控制、质量检查、质量改进等环节，以确保工程质量得到有效控制。

（四）加强质量监测和检查

质量监测和检查是保证水利工程质量的重要手段。应当加强对工程质量的监测和检查，及时发现和处理质量问题，以确保工程质量符合相关标准。

（五）持续改进质量管理体系

持续改进是质量管理体系运行的关键。应当定期对质量管理体系进行评审，及时发现和处理问题，持续改进质量管理体系。

总之，水利工程质量管理体系的实施是一个系统工程，需要结合水利工程的特点和实际状况，制订科学合理的实施计划，加强人员培训，完善质量管理流程，加强质量监测和检查，持续改进质量管理体系，以确保工程质量得到有效控制。

四、水利工程质量管理体系认证与实施的关键因素

（一）领导与组织因素

领导与组织因素是水利工程质量管理体系认证与实施的关键因素之一。一方面，领导层在水利工程质量管理中起到了决定性的作用。他们需要制定明确

的目标和规划，以确保质量管理的有效实施；他们还需要提供足够的资源和支持，以保证质量管理的顺利进行。另一方面，组织的结构和管理系统也对水利工程质量管理体系的实施产生重要影响。组织需要划分清晰的质量管理职责，确保每个人都知道自己的职责所在；同时，组织也需要建立一套有效的沟通机制，以确保信息的畅通。

（二）人员素质因素

人员素质因素是水利工程质量管理体系认证与实施的重要保障。一方面，质量管理需要专业的人员来实施。这些人员需要具备专业的知识和技能，以便进行质量管理工作。另一方面，人员素质也影响着质量管理的效果。如果人员素质高，那么质量管理的效率和效果就会较好。因此，组织需要重视人员的培训和发展，提高人员的素质，以提高质量管理的水平。

（三）技术与管理因素

技术与管理因素是水利工程质量管理体系认证与实施的核心。一方面，质量管理需要先进的技术来支持。这些技术可以帮助管理人员更好地进行质量管理，提高质量管理的效率和效果。另一方面，管理方法也是影响质量管理效果的重要因素。科学的管理方法可以帮助管理人员更好地实施质量管理，提高质量管理的效率和效果。因此，组织需要采用科学的管理方法，并结合先进的技术，以提高质量管理的水平。

（四）资源与环境因素

资源与环境因素是水利工程质量管理体系认证与实施的基础。一方面，资源是质量管理的基础，如果没有足够的资源，那么质量管理工作就无法进行。因此，组织需要提供足够的资源，以保证质量管理的顺利进行。另一方面，环境因素也对质量管理产生重要影响。良好的环境可以帮助管理人员更好地进行质量管理，提高质量管理的效率和效果。因此，组织需要创造良好的环境，以提高质量管理的水平。

第四节　水利工程施工安全管理体系的认证与实施

一、水利工程施工安全管理体系概述

水利工程施工安全管理体系是指在水利工程施工过程中，通过建立一套完整的安全管理机制，以确保工程施工安全、顺利地进行。该体系包括安全组织体系、安全管理制度、安全操作规程、安全技术措施等多个方面，涉及施工单位、监理单位、设计单位等多个参建方。水利工程施工安全管理体系的主要目标是降低安全事故发生的概率，保障人民群众的生命财产安全，维护国家的生态环境。

二、水利工程施工安全管理体系的认证

水利工程施工安全管理体系认证是指通过对施工单位的安全管理体系进行第三方评估，判断其是否符合相关法律法规、标准要求，并给予认证证书。

（一）认证的流程

水利工程施工安全管理体系认证流程如下：

（1）认证申请。施工单位向认证机构提出认证申请，并提供相关材料。

（2）认证评估。认证机构对施工单位的安全管理体系进行文件审查和现场审核，以评估其符合认证标准要求的程度。

（3）评估结果。认证机构向施工单位通报评估结果，对于符合要求的单位发放认证证书。

（4）认证维护。施工单位在认证有效期内保持其安全管理体系的运行和改进，并接受认证机构的监督审核。

（二）认证的意义

水利工程施工安全管理体系认证对于施工单位具有重要意义，主要体现在以下几个方面：

（1）提高安全管理水平。通过认证，施工单位可以发现自身安全管理体系存在的问题，并采取措施进行改进，从而提高安全管理水平。

（2）提升参建各方信心。认证证书可以证明施工单位具备较高的安全管理水平，有利于提高参建各方对施工安全的信心。

（3）增加市场竞争优势。拥有认证证书的施工单位在市场竞争中具有一定的优势，有利于提高中标概率。

（4）符合法律法规要求。我国相关法律法规对水利工程施工单位的安全管理体系提出了要求，通过认证可以证明施工单位符合法律法规的要求。

三、水利工程施工安全管理体系的实施

水利工程施工安全管理体系的实施是确保工程项目安全的关键环节。在实施过程中，应注意以下几个方面：

（一）制订详细的实施计划

在水利工程施工安全管理体系的实施过程中，首先要根据体系的总体目标和要求，制订详细的实施计划。实施计划应包括实施的具体步骤、时间节点、责任部门和人员等内容，以确保实施过程的顺利进行。

（二）安全培训和教育

在水利工程施工前，应对参与工程建设的所有人员进行安全培训和教育，提高他们的安全意识和安全操作技能。培训内容应包括水利工程施工安全法律法规、安全操作规程、事故应急预案等。

（三）安全检查和评估

在水利工程施工过程中，应对施工现场进行定期安全检查，及时发现和消除安全隐患。同时，应定期进行安全评估，评估结果应作为调整安全管理措施的重要依据。

（四）安全事故的处理和总结

在水利工程施工过程中，一旦发生安全事故，应立即启动事故应急预案，组织人员进行救援和处理。同时，应对事故原因进行深入调查和分析，总结教训，防止类似事故再次发生。

（五）体系的持续改进

在水利工程施工安全管理体系的实施过程中，应根据实际情况和不断变化的安全风险，对体系进行持续改进，以提高安全管理水平。改进措施可以是针对某一具体问题的解决方案，也可以是体系整体的优化和升级。

总之，水利工程施工安全管理体系的实施是一个系统工程，需要从多个方面进行综合管理。只有做好体系的实施工作，才能确保水利工程施工的安全和顺利进行，从而为国家的经济发展和社会进步做出贡献。

第五章　水利工程安全生产与管理分析

第一节　水利工程安全生产分析

水利工程安全生产是指以国家的法律法规、行业技术标准和施工企业的标准和制度为基本依据，采取各种管理方式，对水利工程施工的安全状况实施的管理控制，主要包括管理者对安全生产建章建制、组织、计划、协调的一系列活动。水利工程安全生产的目的是保护施工人员在生产过程中的生命财产安全。

一、水利工程安全生产的特点

水利工程项目主要位于地形条件复杂、地质状况多变的偏远深山峡谷之中，建设规模往往比较大，然而建设工程施工现场狭窄，主要工作都处于室外，受外界气候环境影响大。水利工程安全生产有如下几个特点：

（1）参建多工种的存在以及它们之间相互制约或相互影响的关系，使得安全管理的难度较大。

（2）施工现场的各种不安全因素复杂多变。水利工程一般是由多个部分组成，建设范围广、强度大，不可预见性因素多，受外在环境因素影响大。

（3）工程的多样性决定了其所面临的导致安全事故的因素各不相同。不同工程的施工，其管理方式、施工工艺、生产环境都有差异，这使得不同的工程项目面临的问题各不相同。

（4）水利工程建设项目部与建设管理单位或者投资者分离。各类规章制度和安全措施通常都是通过文件、会议的方式传达下去的，管理单位不常去施工现场，导致这些制度落实不到位。

（5）只注重目标，忽视过程。好多水利工程施工只求结果不求过程，忽视施工当中存在的问题，安全费用没能够专款专用。而施工安全管理主要是对整个施工过程的管理。

二、水利工程安全生产的研究对象

（一）人

人是安全生产最主要的研究对象，是安全生产的核心，各种作业的参与人员在施工过程中必须保证自身和他人的安全。在整个施工过程中，应把安全生产的具体措施落实到基层的作业生产班组，最后由具体的施工作业人员去执行。

（二）物

物是安全生产的基本材料，是安全生产的基础。水利工程施工的物有两类：一类是经过加工成为水利工程组成部分施工材料；另一类是为了保证水利工程能顺利完成所使用的施工机械等。

（三）环境

施工现场环境与安全生产表面上没有直接联系，但是环境的改变（如温变、降雨等）往往会对安全生产产生重要的影响，如延误工期、造成损失等。因此，在水利工程施工过程中，要随时注意外在环境的改变给安全生产带来的影响，并采取必要的措施，减小环境改变造成的损失。

第二节　基于解释结构模型技术的
水利工程施工安全管理系统

水利工程施工安全管理贯穿水利工程建设的各个阶段，主要包括可行性研究阶段、项目初步设计阶段、准备阶段、生产阶段、竣工验收阶段。同时，水利工程施工安全管理系统由多个要素组成，各要素之间相互影响，但是其相互作用关系又显得模糊不清。因此，需要对水利工程施工安全管理系统框架进行分析，解析结构层次，让系统要素之间的关系更加清晰。系统结构模型化技术包括静态结构模型（解释结构模型化技术和关联树法）和动态结构模型（系统动力学机构模型化方法）。本节利用静态结构模型的解释结构模型化技术对水利工程施工安全管理系统进行分析，使系统结构层次变得清晰直观。

一、水利工程施工安全管理系统解释结构模型

（一）水利工程生产事故原因分析

1.水利工程施工生产事故特点

根据对某大型水利工程施工企业生产事故的调查，利用数理统计的方法，对 2005—2014 年 10 年来发生的事故的类别、原因等进行统计分析，得到在水利工程施工中事故伤亡比例的分布。

这些类型的事故具有以下特点：

（1）发生概率高、损失大、高危因素集中。通过对事故的分析和总结可知，事故类型主要是高处坠落、触电、坍塌、物体打击、机械伤害、起重伤害等。

（2）受伤的主要是文化水平相对较低、工作经验不足的人。

（3）事故造成的伤害大、损失大。

（4）特种作业者发生事故的概率大。

（5）施工技术人员、现场安全管理人员受伤的概率大。

2.管理要素分析

（1）组织管理类要素：项目法人的管理方式、发包方式、合同类型、各参建单位的管理方式等。如项目法人的管理方式包括自主管理、委托管理和代建管理。选择不同的管理方式，其管理思想、安全责任以及安全费用都有很大的差异。

（2）安全制度类要素：制度缺失、制度不健全、制度不合理。

（3）安全计划类要素：施工场地安排不当、危险源的认识不到位、危险作业的专项预案不健全等。

（4）现场安全管理类要素：现场安全管理错误、交叉作业配合有问题、施工混乱等。

（5）安全技术类要素：专项作业不合格、安全技术措施不合理。

（6）安全保障类要素：安全费用投入不足、安全培训缺失等。

（7）环境类要素：气候多变，严寒或高温、降雨等。

（二）水利工程施工安全管理系统要素

对水利工程生产事故致因因素进行分析，并查阅相关安全管理方面的资料，可以得到水利工程施工安全管理系统要素，如表5-1所示。

表 5-1　水利工程施工安全管理系统要素

要素名称	要素代码	要素名称	要素代码
组织管理	V_1	安全控制	V_{10}
业主组织机构	V_2	安全检查监测	V_{11}
承包商组织机构	V_3	安全行为控制	V_{12}
监理组织机构	V_4	安全保障	V_{13}
安全计划	V_5	安全设施设备	V_{14}
安全技术措施计划	V_6	安全技术保障措施	V_{15}
专项安全技术措施	V_7	规章制度	V_{16}
安全施工布置	V_8	安全培训与宣传	V_{17}
事故救援预案	V_9	安全监督	V_{18}

二、建立邻接矩阵

　　根据表 5-1 中的各要素，建立邻接矩阵 A，如图 5-1 所示。其中，1 表示存在影响或者包含关系，0 表示不存在相互关系。

	V_1	V_2	V_3	V_4	V_5	V_6	V_7	V_8	V_9	V_{10}	V_{11}	V_{12}	V_{13}	V_{14}	V_{15}	V_{16}	V_{17}	V_{18}
V_1	0	1	1	1	1	0	0	0	0	1	0	0	1	0	0	0	0	0
V_2	0	0	0	1	0	1	0	0	1	0	1	1	0	1	1	1	1	0
V_3	0	0	0	1	0	1	0	0	1	0	1	1	0	1	1	1	1	0
V_4	0	0	0	0	0	1	0	0	1	0	1	1	0	1	1	1	1	0
V_5	0	0	0	0	0	1	0	0	1	1	0	0	1	0	0	0	0	0
V_6	0	0	0	0	0	0	0	0	1	0	1	1	0	1	1	1	1	0
V_7	0	0	0	0	0	0	0	1	0	0	0	0	0	0	0	0	1	0
V_8	0	0	0	0	0	0	1	0	0	0	0	0	0	0	0	0	0	0
V_9	0	0	0	0	0	0	0	0	0	0	1	1	0	1	1	0	0	0
V_{10}	0	0	0	0	1	0	0	0	0	0	1	1	0	0	0	0	0	0
V_{11}	0	0	0	0	0	1	0	0	1	0	0	0	0	0	0	0	0	0
V_{12}	0	0	0	0	0	0	0	0	1	0	1	0	0	0	0	0	0	0
V_{13}	0	0	0	0	1	0	0	0	0	1	0	0	0	1	1	0	0	1
V_{14}	0	0	0	0	0	0	0	0	1	0	1	1	0	0	1	0	0	0
V_{15}	0	0	0	0	0	0	0	0	1	0	1	1	0	1	0	0	0	0
V_{16}	0	0	0	0	0	0	0	0	0	0	0	0	0	0	0	0	1	0
V_{17}	0	0	0	0	0	0	0	0	0	0	0	0	0	0	0	0	0	0
V_{18}	0	1	1	1	0	1	0	0	1	0	1	1	0	1	1	0	0	0

图 5-1　邻接矩阵 A

三、可达矩阵的运算

通过 MATLAB 对矩阵 A 进行运算，可得到结果为：

$$(A+I) \neq (A+I)^2 \neq (A+I)^3 \neq (A+I)^4 \neq (A+I)^5$$

则矩阵 $(A+I)^4$ 为安全管理系统的可达矩阵，即表示安全管理系统所有要素之间存在着相互关系，可以建立一个安全管理系统对水利工程进行管理。矩阵 M 如图 5-2 所示。

	V₁	V₂	V₃	V₄	V₅	V₆	V₇	V₈	V₉	V₁₀	V₁₁	V₁₂	V₁₃	V₁₄	V₁₅	V₁₆	V₁₇	V₁₈
V₁	1	1	1	1	1	1	1	1	1	1	1	1	1	1	1	1	1	1
V₂	0	1	1	1	0	1	1	1	0	1	1	0	1	1	1	1	1	1
V₃	0	1	1	1	0	1	1	1	1	0	1	1	0	1	1	1	1	1
V₄	0	1	1	1	0	1	1	1	1	0	1	1	0	1	1	1	1	1
V₅	0	1	1	1	1	1	1	1	1	1	1	1	1	1	1	1	1	1
V₆	0	1	1	1	0	1	1	1	1	0	1	1	0	1	1	1	1	1
V₇	0	0	0	0	0	0	1	1	0	0	0	0	0	0	0	0	1	0
V₈	0	0	0	0	0	0	1	1	0	0	0	0	0	0	0	0	1	0
V₉	0	1	1	1	0	1	1	1	1	0	1	1	0	1	1	1	1	1
V₁₀	0	1	1	1	1	1	1	1	1	1	1	1	1	1	1	1	1	1
V₁₁	0	1	1	1	0	1	1	1	1	0	1	1	0	1	1	1	1	1
V₁₂	0	1	1	1	0	0	1	1	1	0	1	1	0	1	1	1	1	1
V₁₃	0	1	1	1	1	1	1	1	1	1	1	1	1	1	1	1	1	1
V₁₄	0	1	1	1	0	1	1	1	1	0	1	1	0	1	1	1	1	1
V₁₅	0	1	1	1	0	1	1	1	1	0	1	1	0	1	1	1	1	1
V₁₆	0	0	0	0	0	0	0	0	0	0	0	0	0	0	0	1	1	0
V₁₇	0	0	0	0	0	0	0	0	0	0	0	0	0	0	0	0	1	0
V₁₈	0	1	1	1	0	1	1	1	1	0	1	1	0	1	1	1	1	1

图 5-2　矩阵 M

四、可达矩阵的分解

对上面得到的可达矩阵 M 进行区域分解，即可求得系统的结构模型。分解步骤为：①区域分解，即把元素分解成几个区域，不同区域的元素相互之间没有关系；②级别分解，即对属于同一区域的元素进行分级分解。现分别介绍如下：

（一）区域分解

在可达矩阵 M 中，将元素在系统中所处位置划分为可达性集合（$L（S_j）$）和前项集合（$D（S_i）$）。$L（S_i）$ 包括所有可以从 S_i 元素到达的元素，用数学通式表示即 $L（S_i）=\{S_j\in S_i\mid m_{ij}=1\}$，$m_{ij}$ 表示矩阵 M 中 i 行 j 列元素；$D（S_i）$ 包括所有可达到 S_i 的元素，用数学通式表示即 $D（S_{ij}）=\{S_i\in S_j\mid m_{ij}=1\}$，并且 $L（S_i）\cap D（S_i）$ 表示 $L（S_i）$ 与 $D（S_i）$ 的相同元素：$T=\{S_j\in S\mid L（S_i）\cap D（S_i）=D（S_i）\}$。

假如有属于共同集合的任意两元素 S_w、S_v，若 $L（S_w）\cap L（S_v）\neq\varnothing$，则 S_w、S_v 属同一区域；若 $L（S_w）\cap L（S_v）=\varnothing$，则 S_w、S_v 分属两个独立的区域。经运算后所得集合 N 为区域分解，即 $N（S）=P_1$，P_2，…，P_m（m 为分区数目）。

（二）级别分解

设 L_0，L_1，L_2，…，L_i 为区域内元素分级集合，L 为级数。开始时，令 $L_v=\varnothing$，$j=1$，按以下步骤反复运算：令 $L_j=\{S_j\in（P-L_0-L_1-\cdots-L_{j-1}）\mid L（S_i）\cap D（S_i）=L（S_i）\}$；循环运算，只有当 $\{P-L_0-L_1-\cdots-L_j\}=0$ 时，才把该区域的元素分解完毕。

最后结果：$（P）=\{L_1，L_2，…，L_i，\}$，其中 L 为级数；L_1 为第一元素总

和；L_2 为第二元素总和。

五、水利工程建设安全管理系统解释结构模型构建

水利工程施工安全管理结构层次图如图 5-3 所示。

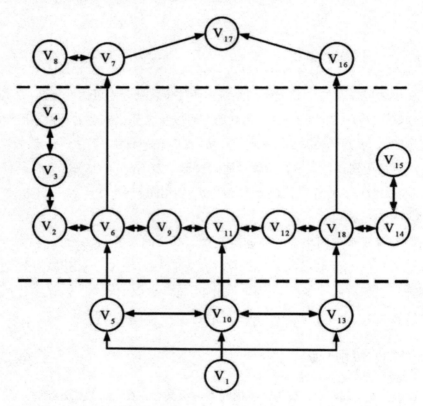

图 5-3　水利工程施工安全管理结构层次图

分析图 5-3 可知，水利工程施工安全管理系统结构分为三层：第一层的四个要素 V_1、V_5、V_{10}、V_{13} 与第二层的对应关系是包含，第二层的十个要素 V_2、V_3、V_4、V_6、V_9、V_{11}、V_{12}、V_{14}、V_{15}、V_{18} 与第三层的四个要素 V_7、V_8、V_{16}、

V_{17} 也是包含关系；水利工程施工安全管理主要是根据上述的管理要素直接作用于事故诱发因素，使水利工程施工处于安全状态。根据结构层次图，构建水利工程施工安全管理系统，如图 5-4 所示。

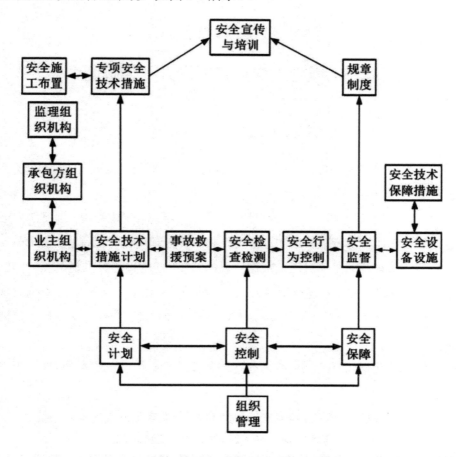

图 5-4　水利工程建设安全管理系统

第三节　水利工程施工安全管理机制和组织方法

一、水利工程施工安全管理多方行为机制

（一）项目法人管理方式

水利工程建设项目法人管理方式包括自主管理、委托管理和代建管理三种。

自主管理指的是项目法人自身对建设项目组织、安排管理。项目法人组建自己的管理团队负责项目的实施，委托相关的监理单位对工程进行监督。

委托管理指的是项目法人根据自己的需要，把建设项目委托给相关的管理单位进行管理。委托管理有两种方式：一种是委托给有能力的建设单位对项目进行设计和施工管理；另一种是除了对项目进行管理，还让这个单位承建部分施工。

代建管理指的是把项目委托给别人负责，让有能力的公司负责整个工程的施工与管理。

上述三种项目法人管理方式的特点和适用性见表5-2。

表5-2　项目法人管理方式的特点和适用性

项目法人管理方式	特点	适用性
自主管理	1.项目法人自行管理,管理量大; 2.对建设管理比较深入; 3.对建设目标掌控性强; 4.建设项目浪费相对较少; 5.项目法人拥有绝对的决策权	1.项目法人管理能力强; 2.大型项目,工期长,投资大

续表

项目法人管理方式	特点	适用性
委托管理	1.项目法人管理工作量小； 2.对项目管理少； 3.对工程的控制减弱； 4.受委托单位负责工程的建设管理，不能够单独承担责任	1.项目法人管理能力一般； 2.常用于大型复杂的建设项目
代建管理	1.代建单位具有建设项目的法人地位； 2.在一定的范围内对项目的投资具有支配权	主要适用于政府建设项目、公益性的项目

（二）发包方式

自 20 世纪 80 年代初以来，中国建设组织管理逐渐走向规范化，对 50 万以上的建设项目实行全面的招标方式。通过学习国外成熟的发包模式，并结合国内建设的基本情况，经过探索实践形成一些完善的发包方式。目前，水利工程施工常用的发包方式有：DBB 发包方式、工程项目总承包方式。工程项目总承包方式又包括 DB、EPC、GC 等发包方式。

1.DBB 发包方式

DBB 发包方式即工程项目设计（Design）、招标（Bid）、建造（Build）一体的方式，这也是水利工程施工中最为常见的发包方式。在通过可行性验证之后，对工程制订一系列的计划，当项目达到招标的条件后，通过邀请或者公开的方式向有资质的公司招标。在 DBB 模式下，项目法人可根据工程规模、工程内在联系和专业分工等情况，委托一家或几家监理公司对工程施工或设备制造进行监督和管理。

2.DB 发包方式

DB 发包方式即工程项目设计（Design）、施工（Build）一体的方式。业主通过一定的方式与其他公司约定一个管理方式，并且该公司负责整个工程的设计与施工。这种投标可以是一家公司，也可以是几家公司组成的联合体。项目法人通常是先选择相应的咨询单位和设计单位，然后通过招标来选择 DB 承包商。

3.EPC 发包方式

EPC 发包方式即工程项目设计（Engineering）、采购（Procurement）、施工（Construct）一体的方式，是指受业主委托，按照合同条例对建设项目的全过程或若干阶段的承包。承包单位在总价合同的情况下，对其所承建的工程安全、进度、质量负责。

4.GC 发包方式

GC 发包方式即施工总承包（General Contractor），是指承包商依据合同要求，完成工程项目全部施工任务，对工程的施工承担责任。GC 发包方式要求承包商承担对工程施工的主要任务。如果需要将部分工程转包或者直接分包给别的单位，必须先与项目经理协商。

（三）合同类型

水利工程建设合同常用的类型有两种：根据价格建立的合同和根据成本建立的合同。运用最为广泛的是单价合同、总价合同及成本加固定费用（酬金）合同。

1.单价合同

单价合同指的是工程项目各类价格固定，合同中的工程量是根据预算得到的参考量，结算的时候是根据竣工图的工程量计算。中国水利工程建设单价合同规定，根据市场价格的波动，承包商的单价可以在一定范围内波动。

2.总价合同

总价合同是指根据合同规定的工程施工内容和有关条件，业主应付给承包商的款额是一个规定的金额，即明确的总价。总价合同也称总价包干合同，即根据施工招标时的要求和条件，当施工内容和有关条件不发生变化时，业主付给承包商的价款总额就不发生变化。

3.成本加固定费用（酬金）合同

成本加固定费用（酬金）合同是由业主向承包人支付工程项目的实际成本，并按事先约定的某一种方式支付酬金的合同类型，即工程最终合同价格按承包商的实际成本加一定比例的酬金计算，而在合同签订时不能确定一个具体的合同价格，只能确定酬金的比例。其中酬金由管理费、利润及奖金组成。

（四）施工单位组织管理

施工单位组织管理方式亦称施工组织结构方式，是指施工单位如何去解决层次、跨度、部门设置和上下级关系。施工单位组织管理方式与水利工程施工安全管理机制是密切相关的。施工单位组织管理方式有以下几种：

1.依次施工组织管理方式

依次施工组织管理方式是应用最早、管理简单的施工管理方式。该方式是将水利工程建设项目按照一定的顺序进行施工，前一个施工工序完工后，后一个施工工序才能开始施工。这种施工组织管理方式的特点是：没有利用施工场地大的优点，施工工期长；不方便施工队连续作业；一次性投入的资源少，利于组织工作的管理和避免资源浪费。

2.平行施工组织管理方式

平行施工组织是指在建设工程任务紧迫、工作场地足够大的情况下，组织几个相似的工作队，针对不同场地内的任务同时进行施工。这种施工组织的特点是：充分利用施工的工作面，在合理管理的情况下缩短工期；工作队之间的进度形成一个对比，有利于施工质量和效率的提高；相同的时间内投入的人力、物力增加，施工现场的组织管理更复杂。

3.流水施工组织管理方式

流水施工组织管理方式是将水利工程建设项目划分成工作内容相似的分

部、分项工程，然后将各个分部划分成各个施工层，建立对应的工作队。不同的工作队相互协调、连接紧凑。这样在施工过程中能充分利用时间和空间，使工程进度加快。这种施工组织管理方式的特点是：有效利用工作场地，大大缩短了工期；工作队能够专业化施工，提高工程质量；在施工期间的资源投入比较均衡，资源浪费较少；工程投入的人力、物力很大，对施工组织管理要求很高。

（五）监理单位组织管理

建设监理包括政府监理和社会监理。政府监理包含在政府建设管理的范畴内，主要是制定相关的法律法规。社会监理是指独立且专业的社会监理单位接受业主委托和授权，对工程项目进行全方位或者阶段性的监督管理。建设监理的组织管理方式有以下几种：

1.直线型监理组织管理方式

这种管理方式是各种职位按直线排列，总监理工程师对整个工程项目的计划、安排负责，并且协调整个项目的各方面工作。这种管理方式所设立的机构相对简单，职责分明，隶属关系非常明确，但是需要总监理工程师熟悉各方面业务，通晓多项技术。

2.职能型监理组织管理方式

职能型监理组织管理方式就是在总监理工程师之下设立相关部门，从不同的监管角度对工程项目进行管理，这种管理方式是总监理工程师在其主管范围内，向下面的职能部门传达工作指示和安排。

3.直线职能型监理组织管理方式

这是吸取直线型监理组织管理方式与职能型监理组织管理方式的长处而形成的组织管理方式，特点是领导集中、职责清楚、办事效率高。

4.矩阵型监理组织管理方式

矩阵型监理组织管理方式是由两套管理系统组成的，一套是横向的项目管理子系统，另一套是纵向职能系统，如图 5-5 所示。这种组织管理方式加强了各个职能部门之间的联系，对实际工程的适应性强，有利于监理人员相互交流。

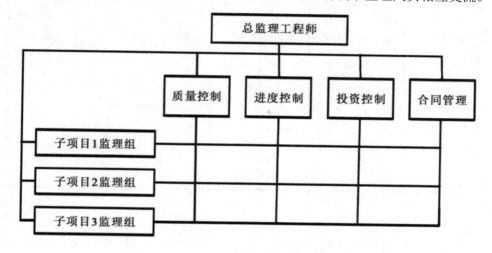

图 5-5　矩阵型监理组织管理方式

二、多方协同驱动的施工安全组织管理方式

（一）水利工程施工安全组织管理方式的组合

水利工程施工安全组织管理是多方协同驱动的组织管理，不同项目法人发包方式、合同类型交叉组合构成的管理方式对工程的影响各不相同。下面就项目法人管理方式、发包方式和合同类型进行分析。表 5-3 中列出了水利工程施工安全组织管理的 6 种组合方式。

表 5-3　组织管理组合方式

项目法人管理方式	方案编号	发包方式				合同类型		
		DBB	DB	GC	EPC	单价合同	总价合同	成本加固定费用合同
自主管理/委托管理/代建管理	1	√				√		
	2	√					√	
	3		√					√
	4			√			√	
	5			√				√
	6				√			√

（二）项目法人和发包方式、合同类型指标的确定

（1）项目法人管理方式选择评价指标体系。根据项目管理方式的一些管理方法和总结的相关实践经验，列出对项目法人管理方式有影响的各种因素，并考虑实际工程建设的相关情况。下面构建项目法人管理方式选择的评价指标体系，如图 5-6 所示。

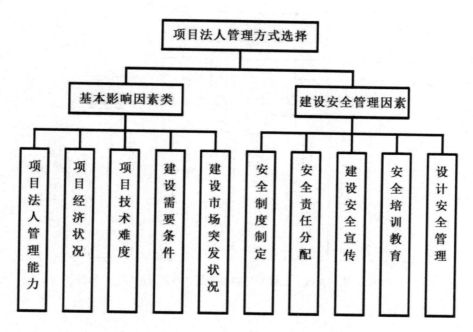

图 5-6 项目法人管理方式选择的评价指标体系

（2）发包方式、合同类型组合匹配方案选择的评价指标体系。根据现有研究成果，列举对发包方式、合同类型的选择有影响的因素。下面提出基于建设安全的发包方式、合同类型组合匹配方案选择的评价指标体系，如图 5-7 所示。

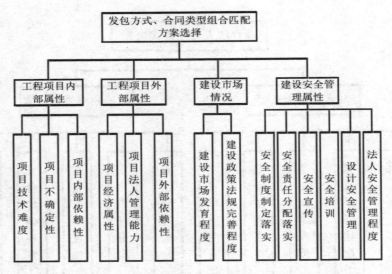

图 5-7　发包方式、合同类型组合匹配方案选择的评价指标体系

第四节　水利工程建设项目
施工特点及风险分析

一、水利工程建设项目施工特点

（一）施工生产特点

水利工程建设项目的施工生产具有以下特点：

1.施工环境相对较差

从地理环境上来看，水利工程施工地区地质条件复杂，滑坡、泥石流等地质灾害易发、多发，另外水利工程项目施工过程受降雨、降雪、降温等天气影响较大。

2.交通不便

水利工程受地质、地形以及经济发展滞后、建设成本高等客观条件的限制，道路、桥梁等基础设施建设相对滞后，交通条件相对较差。

3.建筑物种类繁多

水利工程项目建筑物种类繁多，如挡水建筑物、泄水建筑物、进水口、引水隧洞、厂房、升压站等，这些不同的建筑物在施工过程中潜藏着不同的安全隐患。

4.施工人员密集

水利工程建设项目施工属于劳动密集型产业，从前期准备、建设施工到竣工验收，业主、监理、施工方、政府及其他相关单位众多，这些单位的人员都要参与其中。由于受地理环境等自然条件以及成本等现实条件的影响，施工场地、参建人员生活营地布置往往十分集中，人员较密集。另外，施工人员中有部分未接受过安全教育与专业培训的农民工，安全知识缺乏，存在违规操作等不安全行为。

5.施工规模大、周期长

水利工程施工规模大，施工过程中大中型机械设备较多。同时水利工程施工过程具有很强的连续性，工艺流程紧密连接，一旦中间环节发生故障，往往会影响到整个施工过程。另外，由于受施工进度、施工计划及施工场地等的限制，不同专业队伍施工时往往存在交叉作业。

（二）突发事件特点

水利工程建设项目施工过程中的突发事件主要包括生产安全事故、环境污染和生态破坏事件、公共卫生事件以及社会安全事故，其具有如下特点：

1.诱发因素多且复杂

水利工程建设项目施工环境的复杂特点决定了突发事件的诱发因素包括：高空坠落、机械伤害、坍塌事故、违章操作、指挥不当、违反规章制度、溺水、洪水、滑坡、泥石流、石块高空滑落撞击、地震等。以上诱发因素类型多且复杂，另外，各因素在项目施工过程中相互影响、不断变化、难以预测，易引发各类突发事件。

2.风险控制费用较高

水利工程建设项目施工是一个"人、机、环、管"相互作用、相互影响、相互制约的复杂过程，规模大，涉及范围广，危险因素多，可能引发的事故种类较多，通常情况下人们难以及时发现事故的征兆。因此，为了预防各类突发事件，需要建立完善的应急管理系统，实时监测监控各类危险因素，及时发现各类突发事件的征兆。但是，建立完善的应急管理系统需要消耗大量的资源，预防成本相对较高。

3.影响范围大，后果严重

因水利工程建设项目施工规模大，参建单位多，施工场地人员密集，大型机械设备频繁交叉作业，一旦发生突发事件，不同施工队伍、不同工种之间可能相互影响导致短时间内人员疏散、撤退困难，如果不能及时处置突发事件，可能引发二次事件或衍生事件，导致场面更加混乱，影响范围扩大，甚至可能造成群死群伤的灾难性后果。

4.阻碍项目顺利进行

水利工程建设项目的突发事件，不但会造成一定程度的人员伤亡和财产损失，更重要的是会打乱现场施工秩序、施工计划、施工进度等，会导致工程限期整改、停工整改等一系列问题，改变工程施工计划，从而影响施工正常进度安排，最终将影响工程项目目标的顺利实现。

综上分析，水利工程建设项目施工规模大、施工环境恶劣，一旦发生突发事件，后果严重。但目前存在应急管理责任体系不清晰、应急预案操作性差、应急效率较低、资源不共享等问题，极大地影响了安全应急效率。

二、水利工程建设项目风险分析

（一）风险辨识

风险辨识主要以项目施工工序及作业内容为基本单元，识别项目施工全过程的危险源，分析本工程施工期可能存在的安全风险因素以及可能发生的突发事件类型及后果。

1.风险辨识范围

①施工场所范围内的所有活动；②所有进入施工场所的人员的活动，包括全项目部管理和工作过程中所有人员的活动、外来人员的活动；③施工场所内的设施（建筑物、设备、物资等），包括由本单位或外界提供的。

2.风险辨识方法

通过查阅有关记录、分析现有资料、现场勘查、专家访谈、询问工作人员、交谈和预先危险性分析等方法进行风险辨识。

3.危险性分析

（1）火灾及爆炸危险分析。水利工程项目石方开挖总量可达上千万立方米，施工过程中需要炸药、雷管等火工材料及油料，若对特种仓库（主要为炸药库、雷管库、油库等）的布置、分区，或对易燃易爆物质的运输、存放和使用管理不当，均有可能引起火灾和爆炸事故，造成人员伤亡和财产损失。另外，储油库中油的泄漏也可引起火灾和爆炸事故。

（2）交通运输危险分析。水利工程项目施工期外来物资总量约百万吨，外来物资运输以公路运输为主，以铁路运输、水运为辅。施工期间，场内各工区内部及工区间的交通采用公路运输，届时施工机械同时工作，且人员流动频繁，如果对车辆管理、保养不善，驾驶员违反交通法规，就有可能造成人员伤亡。

（3）电气伤害危险分析。在施工过程中，由于施工的需要，会设置施工供配电设备并架设大量的电力电缆，以及用电设备等；这些设备、电缆大多是临时设施，如果防护措施不合理，造成漏电或触电，就有可能造成人员伤亡。

（4）边坡失稳危险分析。上、下水库进出口边坡开挖时，由于边坡较高，施工程序不当或者施工临时支护不及时、支护参数不合理及强暴雨洪水等因素都可能引起塌方或滑坡，造成人员伤亡和设备受损。

（5）高处坠落危险分析。施工区内存在的各种洞、孔，如竖井、桩孔、人孔、沟槽及管道孔洞等极易发生人员坠落和物件坠落伤人事故。对于登高架设作业，由于脚手架结构上的缺陷或拆除失误，可能发生脚手杆、板高处坠落，甚至发生脚手架局部或整体垮塌。施工中高处焊接作业较多，除可能发生人员或物件直接从高处坠落的事故，还可能发生因触电失稳导致坠落的二次事故。

（6）焊接伤害危险分析。施工期间的焊接作业，若管理不善或施工人员违章操作等，易发生电气火灾、爆炸和灼伤事故。焊接操作人员若不佩戴相应的防护用品，焊接电弧光辐射会引起眼睛和皮肤疾病，焊接中产生的烟尘与有毒气体可能会导致操作人员急性中毒或引发尘肺等职业病。另外，焊接作业时还可能因焊接质量不合格或误操作等引发机械伤害事故。

（7）机械伤害危险分析。在水利工程施工期间会使用大量的机械设备，许多施工机械及加工设备的传动与转动部件部分甚至全部裸露在外，施工管理不善或施工人员违章作业均可能引起机械伤害。工地上大型、高空施工机械较多，如不注意维护和防护，可能会发生较大的伤害事故。另外，施工中使用的升降机械若安全保护装置不全，易发生卷扬机过卷、断绳失控事故，造成人员伤亡或设备损失。

（8）施工期洪水危险分析。在水利工程施工期间可能遭遇洪水，导致围堰坍塌，对此应引起重视。此外，汛期施工时如突降特大暴雨，施工围堰设计洪水标高不够，防洪措施不完善等，均可能导致围堰漫顶、倒塌，水淹基坑，造成人员伤亡和财产损失。

（9）安全标志缺陷。在施工期间若安全标志设置不齐全或安全标志存在缺陷，可能导致触电、火灾、爆炸、坠落、交通事故等危害的发生，将威胁到施工人员和设备设施的安全，影响水利工程的施工进度。

（10）施工期粉尘危险性分析。影响施工人员人身安全和身体健康的因素主要有噪声、粉尘（尤其是地下洞室开挖粉尘）、潮湿、洞内缺氧或空气不良、排风或排烟不畅等。洞内开挖、爆破施工过程中，如果通风不良，很容易产生有毒有害气体并聚集，可能造成人员缺氧窒息；若因施工作业而产生的易燃易爆气体聚集，还存在爆炸的危险。另外，拌和系统及砂石料生产、破碎过程中产生的噪声及粉尘均会对人体健康产生危害。

（11）施工期有害气体危险性分析。在水利工程施工期间，众多的机械设备与辅助施工系统运行，将产生大量的废气飘尘、炸药浓烟等有害气体。地下隧洞施工生产过程中常会遇到的有毒有害气体有甲烷、一氧化碳、二氧化碳、二氧化硫、硫化氢等，如果施工期间防护措施不到位，有害气体将直接影响到施工人员的人身安全。

（12）施工组织对施工安全的影响。水利工程一般具有施工单位多、施工机械化程度高、实行立体交叉作业等特点，而且施工场地一般较为偏远，施工地形条件较差，导致施工管理具有复杂性。因此，在工程施工期，如果各施工单位之间的组织协调工作没做好，施工安全管理不力，安全规章制度和措施落实不到位，安全投入不足等，均易发生各种事故，造成人员伤亡和财产损失，影响工期。

另外，水利工程施工活动复杂、人员集中、习惯有别，若施工人员的饮食与住宿区卫生管理不善，有可能发生群体性卫生安全事故，甚至爆发传染病等。此外，临时工棚因质量问题或自然灾害易发生坍塌事故、火灾事故。

（二）风险评估

风险评估主要是对项目施工全过程、全周期内可能存在的风险进行风险程度和风险等级的评估。在风险辨识的基础上，应对辨识出的风险进行分类梳理，并参照相关规定，综合考虑起因物、致害物、伤害方式等，确定风险类别。通过确定风险类别、风险导致事故的条件、突发事件发生的可能性和事故后果严重程度，从概率估计和损失或不利后果分析两个方面进行风险评估，确定风险大小和风险等级。

1.风险评估方法

风险评估方法总体上分为两类，一类是定量的，另一类是定性的。根据工程的具体条件和需要，针对评估对象的实际情况和评估目标，选取适当的评估方法。水利工程施工安全风险是指在水利工程施工作业中对某种可预见的风险情况发生的可能性、后果严重程度和事故发生的频度三个指标的综合描述。水利工程风险评估一般选用作业条件危险性分析法（即 LEC 法），风险值 D 通过下式计算：

$$D=L\times E\times C$$

式中，L 为发生事故的可能性大小；E 为人体暴露在这种危险环境中的频繁程度；C 为一旦发生事故会造成的损失后果。

L，E，C 取值及风险值 D 与风险等级的关系如下：

（1）发生事故或风险事件的可能性（L）如表 5-4 所示。

表 5-4　发生事故或风险事件的可能性（L）

分数值	发生事故或风险事件的可能性
10	可能性很大
6	可能性比较大
3	可能但不经常
1	可能性小，完全意外
0.5	基本不可能，但可以设想

分数值	发生事故或风险事件的可能性
0.2	极不可能
0.1	实际不可能

（2）风险事件出现的频率程度（E）如表 5-5 所示。

表 5-5　风险事件出现的频率程度（E）

分数值	风险事件出现的频率程度
10	连续
6	每天工作时间
3	每周一次
2	每月一次
1	每年几次
0.5	极为罕见

（3）发生风险事件产生的后果（C）如表 5-6 所示。

表 5-6　发生风险事件产生的后果（C）

分数值	发生事故可能产生的后果
100	大灾难，无法承受损失
40	灾难，几乎无法承受损失
15	非常严重，非常重大损失
7	重大损失
3	较大损失
1	一般损失
0.5	轻微损失

（4）风险值 D 与风险等级关系如表 5-7 所示。

表 5-7　风险值 D 与风险等级关系表

风险值 D	风险程度	风险等级
＞320	风险极大，应采取相应措施降低风险等级，否则必须停止作业	5
160～320	高度风险，应制定专项施工安全方案和控制措施，作业前要严格检查，作业过程中要严格监测	4
70～160	显著风险，应制定专项控制措施，作业前要严格检查，作业过程中要有专人监护	3
20～70	一般风险，需要注意	2
＜20	稍有风险，但可能接受	1

注：风险值 D 越大，说明该系统危险性越大，需要加强安全防护措施，或调节 L 或 E 或 C，直至调整到允许范围内。风险等级根据风险值的大小确定，可根据水利工程实际情况进行动态调整。

⑤针对水利工程建设过程中风险因素分析，对施工作业过程中存在的安全风险进行 LEC 安全风险评价，确定风险值 D，制定和实施消除、降低、控制风险的措施。

2.风险等级划分

依据《国务院安委会办公室关于印发标本兼治遏制重特大事故工作指南的通知》（安委办〔2016〕3 号），安全风险分为红、橙、黄、蓝（红色为安全风险最高级）4 个等级。

水利工程施工安全风险等级划分如表 5-8 所示。

表 5-8　水利工程施工安全风险等级划分表

风险等级	风险程度	风险描述	风险色
一级	稍有风险	指作业过程存在较低的安全风险，不加控制可能发生轻伤及以下事故的施工作业	蓝色
二级	一般风险	指作业过程存在一定的安全风险，不加控制可能发生人身轻伤事故的施工作业	黄色

风险等级	风险程度	风险描述	风险色
三级	显著风险	指作业过程存在较高的安全风险，不加控制可能发生人身重伤或死亡事故，或者可能发生七级电网事件的施工作业	橙色
四级	高度风险	指作业过程存在很高的安全风险，不加控制容易发生人身死亡事故，或者可能发生六级电网事件的施工作业	红色

综合以上风险分析方法，根据水利工程的施工环境及施工特点，对施工全过程中可能导致突发事件的危险源、隐患、风险等进行有效辨识和评估，确定各类风险的危害程度及等级，为安全应急综合管理平台提供尽可能详细、准确的资料，预防事故发生，提高应急管理能力。

三、风险管理流程

根据水利工程项目建设的组织机构、施工特点及施工工艺流程，确定水利工程施工安全风险管理流程。

安全风险管理工作涉及水利工程项目建设的全过程，包括工程开工前、施工作业前、施工作业中及最后的施工考核阶段。根据前期各类风险的危害程度及等级划分，建立风险管理数据库，并确定水利工程项目建设每一阶段的风险管理流程，严格按照规章制度进行全员安全风险交底，配合各级管理人员的到岗到位监督检查及风险等级审查、复测、审核工作，直到整个工程建设完成并考核结束。

第五节　水利工程建设项目
应急管理分析

一、应急管理需求分析

通过对水利工程的突发事件及危险性进行分析，明确水利工程应急管理的内容。由于应急过程涉及的人员、部门等资源较多，一旦发生突发事件，对于事件处置及救援来说，时间是关键。最佳的处置救援时间很短暂，仅仅依靠传统的应急处置及救援方式会错失最佳时间。如何以最快的速度、最高的效率、最合适的方法处置各类突发事件是应急管理急需解决的一个问题。

（一）信息传递

水利工程突发事件的应急救援是一个多方主体协作的过程，是一个涉及各部门以及社会、政府资源等多方因素的复杂系统问题。水利工程项目建设过程中，危险因素较多，各类突发事件时有发生，施工人员密集，参与单位多，无论是通知预警还是组织撤离都是传统应急面临的问题。另外，突发事件信息传递往往比较缓慢，有时甚至出现信息变形和偏差，错误或缓慢的信息严重影响到对突发事件的判断及应急决策，无法在第一时间处置突发事件，使事态进一步恶化和扩散。应急救援注重时效性和准确性，及时有效处置可以避免事件发生或事态进一步扩大，但最佳处置救援时间短暂，且需要各类应急资源迅速到位展开救援，因此急需先进、系统的管理方法和工具辅助工程应急管理。

（二）职责划分

目前，水利工程应急管理过程存在责任重叠、划分不清、相互推诿、相互依靠的现象。严格来说，就是突发事件应对处置系统与行政管理系统在结构上不匹配，在应急管理应对的时候很容易出现权限不够或者权限不一致问题，这在很大程度上影响了应急救援的效率。由于水利工程突发事件的复杂性，应将某些特定的职能和职责明确交给特定部门承担，以便形成统一领导、分工合作的高效应急管理，做到员工、部门职责明确，应急处置有条不紊，信息透明，全员参与应急，从而进一步提高应急效率。

（三）体系完善

应急管理的首要前提是构建完善的应急管理体系，从事前预防、应急准备、应急响应到后期处置，需要建立一整套系统的应急体系。针对不同类型的突发事件，要制定合理的、详细可行的应急预案。另外，水利工程在公共资源、人力资源组织体系等多方面往往存在着先天不足，因此除了充分利用内部的应急资源，在突发事件应急管理的各个阶段，应提前准备社会应急资源，保障应急救援的顺利开展。

应急管理的首要目标就是能够预防各类突发事件和降低事件的严重程度。为了能够达到这一目的，构建符合水利工程建设项目特点及管理要求的安全应急管理综合服务平台是有必要的。有了这个平台，相关管理部门能够及时快速地对突发公共事件作出响应并提出相对完善的解决方案。在安全应急综合服务平台建设中使用多种通信手段，把各级应急平台连接为一个可互相备份、安全无阻通行的应急通信网，能够极大地缩短通知上报时间，做到联络方便、信息透明，可以及时了解和掌握突发事件发生发展状况，进行现场指挥决策和应急处置。

二、应急管理建设内容

水利工程应急管理的对象是集自然、经济、社会和文化环境于一体，不断动态变化的开放的复杂系统。突发事件发生后，有效合理的应急管理有利于最大限度地减少突发事件造成的人员伤亡与财产损失。水利工程突发事件应急管理能力建设的根本目的是减少突发事件的发生以及突发事件造成的人员伤亡、财产损失、生态环境破坏。水利工程突发事件应急管理能力建设主要包括事前预防、应急准备、应急响应和后期处置四个阶段。各阶段相互影响、相互作用、相辅相成，共同构成水利工程应急管理的过程。

（一）事前预防

水利工程事故预防能力建设指的是为防止突发事件发生，预先采取各种防护措施与方法，主要包括以下三个方面：

1.技术装备水平

要提高突发事件的预防与应急能力，必须时刻监测施工过程及工作环境的变化。同时，对水利工程施工过程中的重大危险源、隐患等进行辨识与评估，采取必要措施预先处理，降低突发事件发生的可能性。

2.组织协调能力

组织协调能力主要指在突发事件发生时，对应急人员、物资、装备等应急资源的调配、协调能力，即突发事件及冲突处理能力。

3.监测监控能力

做好突发事件应急监测的布点与采样，配备相应的应急监测仪器，提高现场监测监控能力，向相关部门发出预警信号，提前预防突发事件。

（二）应急准备

应急准备主要包括确定应急组织机构，落实相关部门和人员的责任，招募和培训应急救援人员，编制和完善应急预案，与外部应急资源签订合作协议，充实应急物资与设备设施，进行全员应急宣传、培训，演练应急预案等，其目的是使相关部门和人员时刻保持突发事件应急救援所需的应急能力。

（三）应急保障

1.通信与信息保障

应急响应过程中，相关人员必须坚守工作岗位，确保通信设备处于正常使用状态，并按规定程序及时、准确地向有关负责人报送信息。另外，应急指挥中心应与政府监管部门或其他相关职能部门保持沟通，以便获得对救援工作的指导和帮助。

2.应急队伍保障

根据项目建设单位的应急管理工作规定，定期开展群众性的应急培训和演练活动，并按照应急预案的有关规定成立应急工作小组，以及建立专家库与督促所属企业和专业救援队伍签订救援协议，明确其相应职责，必要时组织专业培训，提高其应急救援状态下的工作能力。

3.医疗救护保障

项目建设单位应根据应急工作的实际需要，有计划地组织施工人员开展自救、互救（心肺复苏、人工呼吸等）基本技能的培训以及逃生演练等活动，必要时可以通过协议确定当地应急医疗救护资源，支援现场应急救治工作。

4.应急物资和设备保障

项目建设单位应依据突发事件处置的实际需求，配备必要的应急救援装备或工具。另外，应结合各类安全检查活动督促所属企业充实救援物资、定期检修救援设备，并与社会救援力量保持联系，必要时可通过协议确定社会应急救援资源，作为应急救援的必要补充。

（四）应急响应

应急响应是在突发事件发生后立即采取的应急与救援行动。应急响应的步骤可分为接警、信息接报与研判、成立应急指挥中心、应急响应级别建议、应急启动、控制及救援行动、扩大应急、解除应急状态等步骤。

首先，事故现场相关人员对突发事件的严重程度、可控性、影响范围、事故性质以及可持续性等进行研判，了解现场救援情况、应急资源调度情况、人员撤退情况，请求上级启动相应级别的应急响应，坚持"以人为本"的原则，尽最大努力抢救伤员，尽可能将人员伤害与财产损失降到最低，防止事态进一步扩大。其次，如果现场相关人员及项目参建单位的应急能力无法有效应对突发事件，就要启动扩大响应，请求当地安全监管部门及相关单位共同应对突发事件。再次，启动相应级别响应时，应急人员立即到位，信息网络立即开通，充分调配应急资源，全力配合现场应急救援行动。最后，行动过程中，若发现事态有扩大的趋势，应该果断采取扩大应急的措施。若事态仍然难以控制，则申请增援；若事态得到控制，则解除警戒，进行事故调查以及善后处理等应急恢复工作。

（五）后期处置

1.事故调查

应急响应工作结束后，项目建设单位应积极配合政府相关部门进行事故调查工作，调查事故原因，评估事故损失，恢复施工秩序等。若政府授权单位自行调查，则项目建设单位应依据建设工程项目的生产安全事故调查处理和监督管理规定开展调查工作。

2.现场处置

事故调查取证工作结束后，项目建设单位应积极开展现场清理和恢复生产工作，首先要使施工现场恢复到相对稳定的状态，迅速开展善后处置工作。另外，在这期间要避免二次灾害或衍生灾害的发生。

3.应急总结

应急处置工作结束后，项目建设单位应对应急救援的整个过程进行全面总结。根据事故的应急总结，对事故的应急救援工作进行全面评估，对相应的应急预案进行评审、修订，对不足的应急资源进行补充、完善，要细致深入地剖析应对过程中显现出来的应急能力上的不足之处，为后续应急能力的提高及应急工作的开展积累经验。

三、应急管理服务内容

（一）应急能力评估

对工程建设过程中的应急管理队伍、应急预案编制、应急装备物资、应急救援能力等进行全面分析和调查，评估应急能力，并依据评估结果对相应的应急预案进行评审、修订，对短缺的应急资源进行补充，完善应急保障措施。

（二）应急预案编制

1.成立应急预案编制工作组

结合水利工程建设项目的实际情况，成立应急预案编制工作组，明确应急管理的组织机构、工作职责和任务分工，制订应急工作计划，组织开展应急预案编制工作。

2.收集资料

收集与预案编制工作相关的法律法规、技术标准、国内外同行业企业事故资料，同时收集水利工程安全生产的相关技术资料、周边环境影响、水文地质条件、应急资源等。

3.编制应急预案

根据风险评估及应急能力评估结果，组织编制应急预案。

（三）应急处置卡编制

在编制应急预案的基础上，针对施工场所、工种等的特点，编制简单明了、通俗易懂、实用有效的应急处置卡。应急处置卡应规定重点岗位、人员的应急处置流程、任务分工和处置措施，以及相关人员的通信联系方式，且应易于施工人员携带。

（四）应急预案评审及备案

应急预案编制完成后，组织对应急预案进行评审。应急预案评审的主要内容包括：基本要素的完整性、组织机构的合理性、应急处置流程和措施的针对性、应急保障措施的可行性、应急预案的衔接性等。应急预案评审合格后，由单位主要负责人签发、公布并实施。

（五）应急预案培训及演练

采取观看视频、PPT 汇报、多媒体展示、知识竞赛、3D 动态演练等多种形式开展应急预案的宣传教育，普及突发事件避险、撤离、自救和互救的基本知识，增强施工人员的安全意识，提高其应急处置技能。经常性地组织开展应急预案、应急知识、自救互救和避险逃生技能的培训活动，使相关人员了解应急预案内容，熟悉应急职责、应急处置流程和措施。

项目工程施工单位应将应急管理培训工作纳入年度安全生产教育培训计划，经常性地组织落实各项培训工作（组织相关人员学习安全生产法律法规、学习安全技术装备的使用方法等），逐步提高相关人员的应急救援能力。制订应急预案演练计划，根据本工程突发事件的风险特点，每年至少组织一次综合应急预案演练或专项应急预案演练，每半年至少组织一次现场处置方案演练。

根据突发事件的应急总结，对应急预案演练效果进行全面评估，撰写应急预案演练评估报告，分析存在的问题，并对应急预案提出修订意见，对不足的应急资源进行补充、完善。

（六）应急预案评估及修订

项目建设施工单位应建立应急预案定期评审制度，对预案内容的针对性和实用性进行分析评估，并对应急预案进行必要的修订。若无特殊原因可每年度进行一次修订，如有以下原因应及时对应急预案进行修订：①新的相关法律法规颁布实施或新的相关法律法规修订实施；②通过研究预案演练或经突发事件检验，发现应急预案存在缺陷或漏洞；③预案中的组织机构发生变化。

（七）应急资源

（1）装备物资：现场施工人员可统一组织调用进行应急抢险工作。

（2）消防设施：施工前期现场具有施工消防水系统和移动消防器材。

（3）医疗设施：施工承包商设置现场医务所。

（4）治安保卫：施工现场有治安保卫系统。

（5）通信联络：固定电话、手机、对讲机等。

第六章　水利工程施工质量控制
与安全管理发展趋势及展望

第一节　我国水利工程
施工安全管理现状

一、我国水利工程施工安全管理存在的问题

近年来我国在安全生产方面做了很多工作，包括提高施工技术、运用科学手段对事故进行事前预防和事中控制等，成绩显著，但是在管理层面仍然存在违规操作、监管不力、责任落实不清等问题，因此有必要在我国建立一个有效的安全管理模式规范管理行为。

（一）法律法规方面

随着环境问题日益突出，很多国家把环境与健康纳入建筑施工安全管理法律法规的内容之中，并作为强制标准执行，国际上已经出现了 ISO14000 环境管理体系。虽然我国参考 ISO14000 制定了《职业健康安全管理体系 要求及使用指南》（GB/T 45001—2020），但是并未规定强制执行。

（二）安全管理体制方面

发达国家一般采取的是保险制约、行业咨询的安全管理体制，这种体制的好处在于以市场监管为主、行政约束为辅，充分发挥了市场经济的作用，采用第三方的保险制度作为经济手段进行调节则可以真正地将安全管理落到实处。而我国采取的是行业管理、群众监督的管理体制，这种管理体制相对来说比较粗放，职责划分也比较模糊，因为惩治力度不强使群众监督本身失去了效力，而行业监管也由于我国的市场经济发展相对不完善而适用性较差。

（三）施工单位方面

1.管理粗放

一般水利工程的施工场地比较偏远，地区相对落后，长期在这种环境下的项目管理人员管理相对粗放，他们对项目的管理较多依赖经验，甚至不进行数据源的收集和分析，施工工艺不精，忽略细节处理。

2.管理体系普适性差

现阶段，工程施工行业没有一套普适性的安全管理体系，个别施工企业虽然有自己的管理规章制度，但也只是停留在原则层面，具体的操作较少。企业每次接到一个工程就要根据这个项目重新编制一套可实际操作的管理制度和体系，这样不仅浪费了大量的人力和财力，还造成施工企业根本没有一套完整的、操作性强的管理体系，而有的编制的管理体系文件只是应付上级检查，在施工中出现事故时只能采取遮掩或听天由命的无用措施。

3.管理效率低

管理机构繁多，出现交叉管理，与管理有关的文件需要经过层层审批，许多措施在审批结束后都已经派不上用场或是事故已经发生，有的施工场地的安全员在时间的消磨下工作积极性全无，只是做一些日常的安全知识普及工作。

4.管理职责划分不科学

每一个施工项目中都有一个项目经理全权负责项目的进度以及质量、安全等问题，但是却没有一个独立于项目经理之外的安全管理机构和负责人，项目的安全组织机构由项目经理划分，受个人经验和知识的限制，机构的组成和职责的划分基本上与科学和高效无关。

二、造成当前这种形势的主要原因

（一）法律法规和安全管理体制方面

许多事故发生的原因是安全管理不善。据统计，70%以上的事故是由于违规操作，92%以上的事故与安全管理不到位有直接关系，可见安全管理是确保建筑工程施工安全的关键因素。

随着科技的发展，我国已经提高了安全防护设备的科技含量，其抗打击能力和防护能力都已经达到世界先进水平，如果施工人员正确佩戴防护用具，按照说明书使用防护设备，那么可以避免很多事故的发生，或是在事故发生后能最大限度地降低伤亡率，可是为什么伤亡事故还频频发生呢？根本原因是安全管理制度无法全部落实，部分管理人员或是不理解制度的意思或是根本就无视制度的存在，这样安全制度就成了摆设。好的技术要与完善的管理制度相匹配，好的技术也要有实用的管理制度来保航护驾，仅仅依靠提高护具的防护能力来规避风险，作用不大，因此最根本的解决措施还是要从管理体制和制度入手，这要求市场的多方主体参与进来，共同约束管理人员，鼓励施工单位和业主自主参与到安全管理工作当中，发挥安全技术的保护功能。

（二）施工单位方面

1.激烈的市场竞争

过分地追求工期和经济效益的增长，从而忽视安全管理的保障作用，是目前建筑施工行业整体的"隐行规"，在这种趋势的影响下，施工企业的领导层也忽视安全管理和安全措施的实施，安全技能和安全知识的普及也只停留在最简单的层面；施工人员只注重施工技术，安全意识淡薄，为了保住工作，在有安全隐患的条件下继续施工，加大了事故的发生率。

2.盲目追赶工期

由于没有完善的安全管理模式，不能对安全隐患进行事先排除和预先演练，因此一旦有安全隐患，项目经理首先想到的往往不是如何保障施工安全，而是如果实施相应的安全措施是否会拖延工期。因此，很多时候，项目经理会要求施工人员违背安全管理规范和安全操作规程施工，有的甚至不遵照设计图纸，最后造成工程大面积返工等现象。

3.为效益减少安全成本

由于制度形同虚设，在没有制度约束的情况下，安全管理人员也只是走形式、走过场。为了节约成本，一些施工单位干脆撤掉安全管理部门，或是直接让别的部门监管，对安全施工设备更是能省则省，只购买一些简易的设备。工地上经常出现施工人员在无防护措施的情况下高空作业、油料库附近有明火的状况。

4.施工安全知识没有普及

部分水利工程施工人员知识文化水平和素质水平较低，上岗前根本没有接触过专业的安全技能知识、法律知识，自我保护能力较差。他们对我国的安全生产条例和建筑有关法规了解甚少，我国也没有机构专门对这类人员进行法律法规和专业技能的免费、系统的岗前培训。此外，施工企业也没有对这类人员进行岗前的安全技术和隐患交底，以及安全知识的培训，如学习看图纸并按图纸作业、正确使用安全防护用具等。

第二节　水利工程施工质量控制
与安全管理的发展趋势

一、水利工程施工质量控制的发展趋势

随着我国经济的快速发展和城市化进程的加快，水利工程在国民经济中的地位愈发重要，施工质量控制与安全管理也面临着新的挑战和机遇。在当前的大背景下，水利工程施工质量控制的发展趋势主要表现在以下几个方面：

（一）施工质量控制标准趋于严格

为了提高水利工程的安全性能，延长其使用寿命，我国政府对水利工程施工质量控制标准的要求越来越高，这表现在施工过程中对原材料、设备、工艺等方面的把控越来越严格，以确保工程质量。

（二）施工质量控制体系日益完善

在过去的工程建设中，施工质量控制体系不够完善，往往存在诸多漏洞和不足。随着水利工程施工质量控制理论的不断完善和实践经验的积累，施工质量控制体系已逐渐发展成为一个涵盖项目策划、设计、施工、验收等各个环节的完整体系，为水利工程施工质量提供了有力保障。

（三）信息化技术在施工质量控制中的应用

随着信息化技术的不断发展，水利工程施工质量控制逐渐与信息技术相结合，实现了施工质量控制手段的现代化。例如，利用大数据、云计算、物联网等技术手段，可以实时收集和分析施工现场的数据，为施工质量控制提供科学依据，提高施工质量控制的精度和效率。

（四）质量终身责任制得到落实

过去，水利工程施工质量责任追究不够严格，导致一些工程质量问题得不到及时解决。近年来，我国建立了质量终身责任制，明确了各类工程参建主体的责任，加大了对质量问题的处罚力度。这一举措的实施，提高了工程质量的整体水平。

（五）施工质量控制与安全管理一体化

水利工程施工质量控制与安全管理密切相关，两者相互依赖、相互促进。未来，水利工程施工质量控制的发展将更加注重与安全管理的结合，实现施工质量控制与安全管理的一体化。这有助于进一步降低施工风险，提高工程的整体效益。

总之，随着我国水利工程建设的不断推进，施工质量控制与安全管理将面临更多的发展机遇和挑战。只有紧跟时代发展趋势，不断完善和提高施工质量控制水平，才能确保水利工程的安全、可靠、高效运行。

二、水利工程施工安全管理的发展趋势

水利工程施工安全管理是确保施工过程顺利进行、预防事故发生的重要环节。随着我国水利工程建设的不断推进，施工安全管理也面临着新的发展趋势。

（一）信息化管理

随着信息技术的发展，水利工程施工安全管理逐渐向信息化管理方向发展。通过建立施工安全信息平台，实现施工安全信息的实时采集、传输、分析和处理，为安全管理提供科学、准确的数据支持。同时，借助互联网、大数据等技术手段，可以加强对施工现场的安全监控，及时发现并处理安全隐患，降低事故发生率。

（二）规范化管理

近年来，我国水利工程施工安全管理逐渐向规范化管理方向发展。通过制定和完善水利工程施工安全相关法律法规、技术标准和规范，使施工安全管理工作有法可依、有章可循。同时，加强对施工人员的安全培训和考核，提高施工人员的安全意识和技能水平，减少人为因素导致的安全事故。

（三）专业化管理

随着我国水利工程建设的不断推进，施工安全管理逐渐向专业化管理方向发展。施工企业应加强安全管理队伍建设，提高安全管理人员的专业素质和能力。同时，引入安全管理咨询、安全技术服务等专业化服务，提升施工安全管理的整体水平。

（四）精细化管理

在水利工程施工安全管理中，精细化管理越来越受到重视。施工企业应加强对施工过程中的安全细节管理，将安全管理贯穿施工准备、施工过程、竣工验收等各个环节，通过精细化管理，确保施工安全措施落实到位，降低安全事故发生的概率。

（五）一体化管理

在水利工程施工安全管理中，安全管理与工程质量、进度、成本等方面的有机结合越来越受到重视，这有助于提高安全管理水平。施工企业应将安全管理纳入整个工程项目管理体系，实现安全管理与工程建设的同步规划、同步实施、同步验收，确保施工安全与工程质量、进度的有机统一。

总之，随着我国水利工程建设的不断发展和施工安全管理要求的不断提高，水利工程施工安全管理将呈现出信息化、规范化、专业化、精细化和一体化的发展趋势。施工企业应紧跟时代发展步伐，不断改进和完善施工安全管理体系，为水利工程建设提供有力保障。

三、水利工程施工质量控制与安全管理的发展策略

（一）完善水利工程施工质量控制与安全管理的法律法规体系

水利工程施工质量控制与安全管理的发展首先要建立在完善的法律法规体系基础之上。应不断修订和完善相关法律法规，确保法律法规的实施能够真正起到保障水利工程施工质量与安全的作用。同时，要加强法律法规的宣传和培训工作，提高水利工程施工相关人员的法律意识，使法律法规在实际施工过程中得到有效贯彻和执行。

（二）建立健全水利工程施工质量控制与安全管理的责任制度

应建立健全水利工程施工质量控制与安全管理的责任制度，明确各参建单位的职责和权限，确保各个环节的责任落实到人。建设单位要加强对施工质量控制与安全管理的监督，确保工程质量和安全；设计单位要保证设计质量，对设计方案的安全性、合理性负责；施工单位要严格遵循设计方案和施工标准，

确保施工质量；监理单位要充分发挥监督作用，对施工过程进行全程监控，确保工程质量和安全。

（三）提高水利工程施工质量控制与安全管理的技术水平

水利工程施工质量控制与安全管理的发展离不开先进技术的支持。应当加大科研投入，引进、消化、吸收国内外的先进技术和设备，提高我国水利工程施工质量控制与安全管理的技术水平。同时，要加强新技术、新方法、新工艺的推广应用，提高施工质量和安全管理水平。

（四）加强水利工程施工质量控制与安全管理的队伍建设

水利工程施工质量控制与安全管理的发展需要一支专业化的队伍。应加强对施工、监理、设计等人员的培训，提高其业务素质和技能水平，培养一批具备水利工程施工质量控制与安全管理知识及技能的专业人才。同时，要加强施工队伍的职业道德建设，使其树立正确的质量和安全意识，确保工程质量和施工安全。

（五）推进水利工程施工质量控制与安全管理的信息化建设

信息化建设是提高水利工程施工质量控制与安全管理水平的有效途径。应充分利用现代信息技术，建立施工质量控制与安全管理的信息系统，实现信息的实时传递、分析和处理，为决策提供依据。通过信息化手段，可以提高施工质量控制与安全管理的工作效率，降低管理成本，提高工程质量和安全性。

总之，完善法律法规体系、建立健全责任制度、提高技术水平、加强队伍建设、推进信息化建设是水利工程施工质量控制与安全管理的发展策略。只有实施这些策略，才能确保水利工程的施工质量与安全，促进水利工程建设的可持续发展。

第三节　新技术、新工艺在水利工程施工质量控制中的应用

一、新技术、新工艺在水利工程施工质量控制中的作用

随着社会经济的快速发展，我国水利工程的规模和数量不断增加，施工质量问题日益凸显。传统的施工方法和技术已经难以满足现代水利工程建设的需求，新技术、新工艺在水利工程施工质量控制中的作用越来越大。新技术、新工艺在水利工程施工质量控制中的作用主要表现在以下几个方面：

（1）提高施工质量。新技术、新工艺的应用可以提高水利工程的整体施工质量，减少施工过程中的缺陷和隐患。

（2）提高施工效率。新技术、新工艺可以提高水利工程的施工效率，缩短施工周期，降低工程建设成本。

（3）节能环保。新技术、新工艺在施工过程中更加注重节能环保，有利于可持续发展。

（4）促进产业升级。新技术、新工艺的应用可以促进水利工程施工行业的产业升级，提高行业整体水平。

总之，新技术、新工艺在水利工程施工质量控制中具有重要作用。在今后的水利工程建设中，应不断推广和应用新技术、新工艺，提高施工质量，促进可持续发展。

二、地质雷达技术在水利工程施工质量控制中的应用

（一）地质雷达的技术原理与分类

地质雷达技术是一种无损探测技术，是通过发射和接收电磁波，研究地下介质分布和结构的一种技术。该技术的基本原理是利用地下介质对电磁波的传播特性差异，通过检测回波信号的强度、频率、相位等信息，从而推断地下介质的性质和位置。地质雷达技术具有无损、高效、便捷等优点，广泛应用于地质勘查、地下管线探测、考古、岩土工程等领域。

根据工作频率和天线阵列的不同，地质雷达可分为以下几类：

1.低频地质雷达

低频地质雷达工作频率较低，一般为 1～100 MHz，天线阵列通常为单天线或偶数天线。低频地质雷达主要用于探测较深的地下介质，如基岩、混凝土等。

2.中频地质雷达

中频地质雷达工作频率一般为 100～1 000 MHz，天线阵列通常为偶数天线。中频地质雷达适用于探测较浅的地下介质，如土壤、碎石等。

3.高频地质雷达

高频地质雷达工作频率较高，一般为 1 000～5 000 MHz，天线阵列通常为奇数天线。高频地质雷达主要用于探测较小的地下目标，如管道、墓穴等。

4.超宽频地质雷达

超宽频地质雷达工作频率范围较宽，覆盖低频、中频和高频，可以获取更丰富的地下信息。超宽频地质雷达适用于复杂地质条件下的探测任务。

5.分布式地质雷达

分布式地质雷达采用多个天线阵列进行数据采集，可以获取地下介质的二维或三维图像。分布式地质雷达具有较高的探测精度和分辨率，适用于大型工

程项目的施工质量控制。

（二）地质雷达技术在水利工程施工质量控制中的应用

地质雷达技术作为一种先进的地球物理探测技术，在水利工程施工质量控制领域具有广泛的应用，主要包括：

1.岩土工程勘探

地质雷达技术可以用于探测地下岩土的分布、性质和特点，为水利工程施工提供准确、详细的地质资料。应用地质雷达技术，可以及时发现不良地质条件，如岩溶、土洞、断层等，从而避免不良地质条件引发工程事故。

2.防渗墙质量检测

水利工程中的防渗墙是保证工程防渗性能的关键设施。地质雷达技术可以用于防渗墙施工质量的无损检测，判断防渗墙的连续性、密实性以及与周围岩土的接触情况，从而保证防渗墙的防渗性能。

3.基础处理与加固质量检测

地质雷达技术可以用于对水利工程中基础处理与加固措施的质量检测，如灌浆、桩基等。通过地质雷达技术，可以判断基础处理与加固措施的质量和效果，及时发现施工质量问题，从而保证工程的稳定性和安全性。

4.渠道、河道检测

通过地质雷达技术，可以对渠道、河道等水利工程设施的内部状况进行探测，了解其稳定性、渗流等方面的情况；可以及时发现渠道、河道的病害，为维修养护提供科学依据。

5.边坡稳定性监测

水利工程中边坡的稳定性对工程安全至关重要。地质雷达技术可以实时监测边坡的内部变化，如裂缝、滑移等，从而判断边坡的稳定性，为边坡稳定性分析和预警提供数据支持。

总之，地质雷达技术在水利工程施工质量控制领域具有广泛的应用，对于保证工程质量、确保工程安全具有重要意义。随着地质雷达技术的不断发展，其在水利工程施工质量控制领域的应用将更加广泛和深入。

三、超声波技术在水利工程施工质量控制中的应用

（一）超声波技术的原理

超声波技术是一种基于超声波的物理特性，对材料进行无损检测和评估的技术。超声波在材料中传播时，会与材料中的缺陷、裂纹等相互作用，从而产生特定的声波信号。通过检测和分析这些信号，可以对材料的内部结构和质量进行评估。在水利工程施工中应用超声波技术，可以帮助工程师快速、准确地检测和评估工程材料的质量，从而有效控制施工质量。

（二）超声波技术的分类

超声波技术根据其原理和应用方式，可以分为以下几类：

1.超声波探伤

超声波探伤是利用超声波在材料中传播的特性，检测材料中的缺陷、裂纹等。在水利工程施工中应用超声波探伤技术，可以帮助工程师快速发现和定位工程材料的缺陷和裂纹，从而及时采取措施进行修复或更换，以保证工程质量。

2.超声波测距

超声波测距是利用超声波在材料中传播的时间，计算材料的长度或距离。在水利工程施工中应用超声波测距技术，可以帮助工程师快速、准确地测量工程的距离或长度，从而为施工提供准确的数据支持。

3.超声波成像

超声波成像技术是利用超声波在材料中传播的特性，对材料进行二维或三维成像。在水利工程施工中应用超声波成像技术，可以帮助工程师直观地观察

工程材料的内部结构和质量，从而更准确地评估工程质量。

4.超声波振动测量

超声波振动测量是利用超声波在材料中传播的特性，测量材料的振动幅度和频率。在水利工程施工中应用超声波振动测量技术，可以帮助工程师监测工程材料在施工过程中的振动情况，从而及时发现和处理施工中的问题，保证工程质量。

总之，超声波技术在水利工程施工质量控制中的应用，主要包括超声波探伤、超声波测距、超声波成像和超声波振动测量等。这些技术可以帮助工程师快速、准确地检测和评估工程材料的质量，从而有效控制施工质量。

（三）超声波技术在水利工程施工质量控制中的应用

超声波技术作为一种非破坏性检测技术，在水利工程施工质量控制中具有广泛的应用，主要包括以下几个方面：

1.混凝土结构的检测

超声波技术可以用于检测混凝土结构的内部缺陷、裂缝、空洞等问题。在水坝、渠道、泵站等水利工程中，混凝土结构的质量和稳定性对于工程的运行至关重要。因此，采用超声波技术对混凝土结构进行检测，可以及时发现和处理潜在的质量问题，确保混凝土结构的安全和稳定。

2.钢筋的检测

超声波技术可以用于检测钢筋的位置、直径、长度、间距等参数，以及钢筋的锈蚀情况。在水利工程中，钢筋是混凝土结构的重要组成部分，其质量和稳定性直接影响到混凝土结构的强度和耐久性。因此，采用超声波技术对钢筋进行检测，可以及时发现和处理潜在的质量问题，确保混凝土结构的质量和稳定。

3.岩体的检测

超声波技术可以用于检测岩体的内部结构、裂缝、岩性变化等。在水库、水电站、隧道等水利工程中,岩体的质量对于工程的安全和稳定至关重要。因此,采用超声波技术对岩体进行检测,可以及时发现和处理潜在的质量问题,确保工程的安全和稳定。

超声波技术在水利工程施工质量控制中的应用具有非破坏性、快速、准确等优点,可以有效地检测和控制水利工程的质量问题,确保工程的安全和稳定。

四、无人机技术在水利工程施工质量控制中的应用

(一)无人机技术的原理

无人机技术是一种以无人驾驶飞机为主要载具,通过遥控、自主控制或预设航线等方式实现飞行和任务执行的技术。无人机技术的基本原理是利用无线电遥控技术、全球定位系统、惯性导航系统等传感器技术,以及计算机视觉、人工智能等先进技术,实现对无人机的遥控、导航、控制和任务执行。无人机技术的核心是飞行控制系统,它通过接收来自遥控器或其他传感器的信号,控制无人机的飞行方向、速度、高度和姿态等参数。无人机上还装有各种传感器,如相机、激光雷达、红外线探测器、气体传感器等,可以实现多种任务执行,如摄影、测量、监测和勘探等。

(二)无人机的分类

根据不同的分类标准,无人机可以分为不同的类型。常见的分类方法有以下几种:

(1)根据飞行平台分,无人机可分为固定翼无人机、旋翼无人机、垂直起降无人机等。

(2)根据任务分,无人机可分为侦察无人机、监测无人机、搜救无人机、农业无人机、物流无人机等。

（3）根据尺寸分，无人机可分为小型无人机、中型无人机、大型无人机、巨型无人机等。

（4）根据动力系统分，无人机可分为电动无人机、燃油无人机、混合动力无人机等。

（三）无人机技术在水利工程施工质量控制中的应用

无人机可以用于水利工程的勘测。以农田水利设施为例，搭载高分辨率摄像设备和传感器的无人机，可以获取精确的地形数据，帮助工程师规划农田排灌系统，并检测水渗漏点，提前发现潜在问题。此外，无人机还可以通过实时监测施工过程，提高工作效率和质量。

无人机可以代替人工进行巡查工作，检查灌溉设施的损坏情况、泄漏点、土壤水分情况等。通过无人机的巡查，可以及时发现问题，并进行快速的维修和调整，从而提高农田水利设施的效益。

无人机可以搭载多种传感器，如气象传感器、水质监测设备等，从而实现对农田水利系统的实时监测。无人机通过搭载气象传感器，可以实时获取气象数据，判断雨量、温度、湿度等对农田水利设施的影响。同时，无人机搭载水质监测设备可以对农田排灌水质进行监测，提前预警水质问题，帮助农民合理使用水资源。

在自然灾害或紧急情况下，无人机能够快速响应，实施农田水利设施的应急救援工作。例如，无人机可以搭载救援器材和物资，在灾害现场进行救援和物资运输；配备热成像设备，可以快速搜寻受伤或受困的人员。无人机的快速响应能力和灵活机动性，可以为农田水利应急救援提供有力的支持。

除了在水利工程施工质量控制中的应用外，无人机技术在水质抽样检测、水域环境动态监测、水流流速检测等方面也有着广泛的应用。例如，利用无人机技术进行水质抽样检测，能够节约成本并提高工作效率；利用无人机技术对水域环境进行动态监测，能够查明范围内水域的变化情况，为水利工程管理提供依据；利用无人机技术进行水流流速检测；等等。

需要注意的是，无人机在水利工程中的应用还需考虑其安全性和稳定性。因此，在实际应用中，需要根据具体情况选择合适的无人机型号和搭载设备，以确保其能够满足实际需求。

五、新技术、新工艺在水利工程施工质量控制中的应用前景

（一）数字化与智能化技术的应用

随着数字化和智能化技术的发展，未来的水利工程施工将更加依赖这些技术。例如，通过数字化技术，我们可以进行更精确的地形测绘、工程量计算等工作，从而更好地预测和控制施工质量。同时，利用智能化技术可以对施工过程进行实时监控和调整，自动纠正施工中的误差，从而进一步提高施工质量。

（二）新型材料的开发和应用

未来，随着科技的进步，新型材料如纳米材料、复合材料等将被进一步开发和应用。这些材料在强度、耐久性等方面将比传统材料有更大的优势，能够显著提高水利工程的施工质量，延长其使用寿命。

（三）绿色施工和可持续发展

随着社会对环保越来越重视，未来的水利工程施工将更加注重绿色施工和可持续发展。采用环保型的施工方法和材料，可以减小施工对环境的影响，同时优化施工过程，使施工过程更加节能和高效。这不仅可以提高施工质量，也有利于推动经济的可持续发展。

（四）虚拟现实与增强现实技术的应用

这些技术可以为水利工程施工提供更好的模拟和预测能力。通过模拟施工过程，可以提前发现和解决可能出现的施工质量问题。其中，增强现实技术可以将数字模型与实际的施工现场结合起来，帮助工程师更直观地理解和解决复杂的问题。

（五）自动化与机器人技术的应用

自动化与机器人技术的应用将使水利工程施工更加高效和安全。例如，通过自动化技术，可以实现 24 小时不间断施工；通过机器人技术，可以在危险或艰苦的环境下进行施工，提高施工的效率和安全性。

总之，新技术、新工艺在水利工程施工质量控制中的应用前景广阔，将为水利工程的发展带来巨大的机遇。我们应关注这些新技术、新工艺的发展动态，及时将其应用到实际施工中，以不断提升水利工程的施工质量和水平。

第四节　基于信息化技术的
水利工程安全管理与创新

一、信息化技术概述

信息化技术是指以计算机和互联网为基础，利用信息技术、数据库技术和通信技术等手段，对数据进行采集、处理、分析、管理和应用，从而实现对各种信息资源的优化配置和高效利用。在水利工程安全管理中，信息化技术主要应用于对水利工程的安全监测、安全预警等方面。

二、信息化技术在水利工程安全管理中的应用

（一）安全监测管理

在水利工程中，安全监测是保障工程安全运行的重要手段。通过安装各种传感器和监测仪器，可以对水利工程的水位、流量等参数进行实时监测和数据采集，并将采集到的数据通过互联网传输到数据中心进行处理和分析。通过对数据的分析和比对，可以及时发现和解决存在的安全隐患，防止事故发生。

（二）安全预警管理

在水利工程中，安全预警是保障工程安全运行的重要手段。通过信息化技术可以实现水利工程安全预警的自动化和智能化。通过建立安全预警模型，对采集的数据进行实时分析，当出现异常情况时，系统会自动发出预警信号并提示相关人员进行处理。这样可以及时发现和解决存在的安全隐患，保障水利工程安全运行。

三、信息化技术在水利工程安全管理中的优势与挑战

（一）优势

信息化技术在水利工程安全管理中的应用具有以下优势：

（1）提高效率。信息化技术可以实现自动化和智能化管理，提高安全管理工作的效率。

（2）提高精度。信息化技术可以实现数据的实时监测和采集，提高安全管理工作的精度。

（3）提高远程控制能力。信息化技术可以实现远程控制和管理，提高安全管理工作的远程控制能力。

（4）提高预警能力。信息化技术可以实现安全预警的自动化和智能化，提高安全管理工作的预警能力。

（二）挑战

信息化技术在水利工程安全管理中的应用也面临以下挑战：

（1）设备成本高。信息化技术的应用需要大量的设备和传感器等，导致成本较高。

（2）技术难度大。信息化技术的应用涉及多种技术和专业领域，需要专业技术人员进行支持和维护。

（3）对网络和电力依赖度高。信息化技术的应用依赖网络和电力等基础设施，如果出现网络中断或电力中断等问题，会对安全管理工作造成一定的影响。

四、信息化技术在水利工程安全管理中的创新方向

（一）创新安全管理手段

传统的水利工程安全管理模式以人工巡检和定点监测为主，不仅效率低下，而且容易受到人为因素的影响。通过应用信息化技术，可以创新安全管理手段，采用自动化、智能化的监测和管理手段，提高安全管理工作的效率和精度。例如，可以采用远程监控技术对水利工程进行实时监测，采用数据分析技术对监测数据进行智能分析，采用无人机技术进行巡检和监测，等等。这些创

新手段可以大大提高安全管理工作的效率和精度。

（二）创新安全培训模式

传统的安全培训模式以理论讲解和案例分析为主，难以让员工真正掌握相应的安全知识和技能。通过应用信息化技术，可以创新安全培训模式，采用更加生动、形象的方式来传递安全知识和技能。例如，可以采用虚拟现实技术进行模拟演练，采用增强现实技术进行现场实操指导和培训，采用在线学习平台进行远程教育和培训，等等。这些创新模式可以大大提高员工的安全意识和技能水平。

五、基于信息化技术的水利工程安全管理创新策略

（一）制定水利工程安全管理中信息化技术的相关政策

为了推动信息化技术在水利工程安全管理中的应用和创新，政府和企业应该制定相关政策，为信息化技术的发展提供支持和保障。

政府可以出台相关政策，鼓励和支持水利工程安全管理中信息化技术的研发和应用。政府可以设立专项资金，提供经费支持，推动水利工程安全管理信息化的进程。此外，政府还可以建立信息化技术标准，规范水利工程安全管理中信息化技术的应用和发展，推动信息化技术的不断创新和优化。

企业应制定相关政策，加强对信息化技术的管理和应用。企业应该设立专门的信息化技术部门，负责研究和开发适合水利工程安全管理的信息化技术。同时，企业还应该制定信息化技术的管理制度，明确信息化技术在水利工程安全管理中的应用范围和责任，保障信息化技术的有效实施和应用。

（二）建立水利工程安全管理中信息化技术的保障措施

为了保障信息化技术在水利工程安全管理中的有效应用和创新，需要建立一系列的保障措施。

一方面，需要加强信息化技术基础设施建设。水利工程安全管理中信息化技术的应用需要依靠各种先进的基础设施，如传感器、数据采集设备、通信设施、计算机和网络等。因此，需要加大对基础设施的投入，提高基础设施的质量，为信息化技术的应用提供坚实的物质基础。

另一方面，需要加强信息化技术的安全保障措施。水利工程安全管理中信息化技术的应用涉及大量数据和信息的采集、传输和处理，因此需要加强对数据和信息的安全保障措施，如可以运用加密技术、身份认证技术等来保护数据和信息的安全；同时，还需要建立完善的安全管理制度，规范数据和信息的采集、传输和处理流程，防止信息泄露和滥用。

（三）加强水利工程安全管理中信息化技术的教育培训

为了使信息化技术在水利工程安全管理中得到更好的应用和创新，需要加强信息化技术的教育培训工作。

首先，需要加强对领导层的培训。领导层是推动信息化技术在水利工程安全管理中应用和创新的重要力量，因此需要加强对领导层的培训，提高他们对信息化技术的认识和理解，促使他们积极推动信息化技术的应用和发展。

其次，需要加强对专业技术人员的培训。专业技术人员是推动信息化技术在水利工程安全管理中应用和创新的核心力量，因此需要加强对专业技术人员的培训，提高他们的技术水平和专业素质。

最后，需要加强对广大员工的培训。员工是推动信息化技术在水利工程安全管理中应用和创新的重要力量，因此需要加强对员工的培训，提高他们对信息化技术的认识和应用能力。

　　总之，通过制定相关政策、建立保障措施和加强教育培训等手段，可以推动信息化技术在水利工程安全管理中的应用和创新，提高水利工程安全管理的效率，保障水利工程的安全施工和人民群众的生命财产安全。

参 考 文 献

[1] 巴前梅.水利工程质量监督管理创新研究：评《水利工程质量与安全管理》[J].人民黄河，2022，44（6）：169-170.

[2] 范鸿，王汴歌，尚传红.实例探析水利工程质量管理措施[J].河南水利与南水北调，2021，50（1）：71-72.

[3] 高云峰.水利工程安全质量管理问题及解决策略[J].陕西水利，2021（11）：205-206，209.

[4] 巩河贤.水利工程施工中的安全管理与质量控制探讨[J].河北农机，2021（1）：132-133.

[5] 江德琼.水利工程施工中的质量控制与安全管理[J].河北水利，2020（1）：38，40.

[6] 康青建.水利工程建设施工中的全面质量管理及安全生产研究：评《水利工程质量与安全管理》[J].人民黄河，2022，44（10）：169.

[7] 雷加福.水利工程施工中的质量控制与安全隐患管理[J].建材与装饰，2019（32）：284-285.

[8] 李大燕.水利渠道衬砌工程安全管理措施[J].农业科技与信息，2020（16）：86-87.

[9] 李庆海，贺彪，宋歌，等.水利工程质量安全管理措施[J].河南水利与南水北调，2019，48（12）：58-59.

[10] 廖荣.水利工程施工中的质量控制与安全隐患管理[J].工程技术研究，2020，5（3）：181-182.

[11] 林强.水利工程施工质量与安全管理措施探析[J].科技风，2019（25）：

177.

[12] 刘水连. 社会经济发展背景下农村水利工程施工中的质量控制与安全隐患管理[J]. 水上安全，2023（4）：161-163.

[13] 卢乾. 水利工程施工质量与安全管理措施探析[J]. 科技风，2019（26）：197.

[14] 卢永强. 水利工程施工质量与安全管理措施探析[J]. 中小企业管理与科技（上旬刊），2020（1）：161-162.

[15] 马涛. 试论水利工程施工中的安全管理及质量控制[J]. 四川建材，2022，48（6）：223-224.

[16] 马占岳. 水利工程施工中的质量控制与安全隐患管理[J]. 水利科学与寒区工程，2023，6（8）：147-149.

[17] 毛登琴. 水利工程与质量安全管理体系常见的问题及措施[J]. 建材发展导向，2022，20（24）：123-125.

[18] 盛炳荣. 水利工程施工安全与质量管理中常见问题及解决措施[J]. 四川水泥，2022（6）：102-104.

[19] 石素兰. 水利工程施工管理质量和安全控制分析[J]. 价值工程，2022，41（7）：13-15.

[20] 苏富军. 浅议水利工程施工中的安全管理与质量控制[J]. 发展，2020（8）：88-89.

[21] 孙德波. 公路工程施工现场安全管理标准化建设与提升路径[J]. 居业，2022（3）：166-167，173.

[22] 孙德刚. 水利施工安全管理与质量控制[J]. 河南水利与南水北调，2020，49（4）：62，64.

[23] 唐志强. 水利工程施工的质量控制与安全隐患管理探究[J]. 建筑技术开发，2021，48（20）：141-142.

[24] 汪海涛，崔立柱. 浅析水利工程施工中的安全管理和质量控制[J]. 治淮，

2022（9）：87-88.

[25] 王报民. 水利工程施工中的质量控制与安全隐患管理[J]. 居业，2020（3）：166-167.

[26] 王欢，史晨君. 水利工程施工中的质量控制与安全隐患管理[J]. 门窗，2019（19）：190.

[27] 王鹏飞. 浅谈水利工程维护与质量安全管理[J]. 内蒙古水利，2020（12）：67-68.

[28] 王日新. 水利工程施工中的质量控制与安全管理探讨[J]. 工程技术研究，2021，6（13）：178-179.

[29] 王蓉. 水利工程安全质量管理问题及解决策略[J]. 运输经理世界，2020（17）：142-143.

[30] 王喆. 浅谈水利工程质量安全管理与施工进度控制[J]. 农业科技与信息，2021（3）：111-112.

[31] 吴树银. 水利工程施工中的安全管理与质量控制探讨[J]. 建材与装饰，2020（21）：292-293.

[32] 杨洁. 浅论水利工程质量管理中存在的问题及对策[J]. 珠江水运，2020（17）：90-91.

[33] 尹远锋. 水利工程施工质量与安全管理措施探析[J]. 现代物业（中旬刊），2019（11）：116.

[34] 张定芳. 水利水电施工项目质量安全管理探讨[J]. 农业科技与信息，2020（19）：118-120.

[35] 张峰. 水利工程施工中的质量控制与安全隐患管理[J]. 建材与装饰，2019（26）：295-296.

[36] 张健. 水利工程施工中的质量控制与安全隐患管理[J]. 水上安全，2023（5）：173-175.

[37] 张强. 关于对水利工程质量监督与安全管理工作的初谈[J]. 科技风，2023

　　　（14）：71-73.

[38] 张亚平.水利工程中混凝土施工管理与质量控制[J].居舍，2021（11）：
　　　124-125.

[39] 赵阳.解析水利工程建设管理的创新思路[J].低碳世界，2021，11（2）：
　　　144-145.

[40] 赵乙丁，蔡万琪.水利水电工程施工质量与安全管理存在的问题及对策
　　　[J].住宅与房地产，2021（24）：177-178.